湖南省石煤地质研究及资源评价

GEOLOGICAL STUDY AND RESOURCES EVALUATION ON STONE COAL IN HUNAN PROVINCE

蔡宁波　廖凤初　王克营　等著

中国地质大学出版社
CHINA UNIVERSITY OF GEOSCIENCES PRESS

图书在版编目(CIP)数据

湖南省石煤地质研究及资源评价/蔡宁波等著.—武汉:中国地质大学出版社,2023.9
ISBN 978-7-5625-5648-0

Ⅰ.①湖…　Ⅱ.①蔡…　Ⅲ.①石煤-煤田地质-研究-湖南　Ⅳ.①P618.11

中国国家版本馆 CIP 数据核字(2023)第 177132 号

湖南省石煤地质研究及资源评价	蔡宁波　廖凤初　王克营　等著
责任编辑:周　旭　张燕霞　　选题策划:张燕霞	责任校对:何澍语

出版发行:中国地质大学出版社(武汉市洪山区鲁磨路388号)	邮政编码:430074
电　　话:(027)67883511　　传　　真:(027)67883580	E-mail:cbb@cug.edu.cn
经　　销:全国新华书店	http://cugp.cug.edu.cn
开本:787毫米×1092毫米 1/16	字数:234千字　印张:9　插页:1
版次:2023年9月第1版	印次:2023年9月第1次印刷
印刷:武汉中远印务有限公司	
ISBN 978-7-5625-5648-0	定价:48.00元

如有印装质量问题请与印刷厂联系调换

前　言

从岩石学角度看，石煤是一种形成于中泥盆世前的黑色可燃有机岩。石煤中除含 Si、C、H 元素外，还赋存 V、Mo、Ni、U、Ag 以及贵金属等多种伴生元素。我国开发利用石煤起源于 20 世纪 60 年代，已取得了较多成果。根据石煤中含碳和多种有价元素的特性，目前通常的利用方法主要是先作为能源燃烧利用石煤的热能，然后再将石煤作为矿产资源从煤灰中提取有价金属，固体废弃物还可作为建材原料。湖南省的石煤资源潜力十分可观，若能够开发利用，将有效增加能源供给，缓解湖南省能源紧张的局面。

湖南省地球物理地球化学调查所一直紧紧围绕能源地质产业开展工作，深耕于煤炭等地质能源研究及勘探领域，汇聚了大量煤炭地质领域的优秀人才，建设了博士后科研工作站、湖南省地质新能源勘探开发工程技术研究中心。

湖南石煤开发历史悠久，基于前人研究成果，湖南省地球物理地球化学调查所开展了"湖南省石煤资源调查评价"等石煤资源研究及勘查项目。以湖南省地球物理地球化学调查所为主的科研团队，系统梳理已有成果，深入开展拓展研究，撰写了《湖南省石煤地质研究及资源评价》一书。

本书系统收集和分析湖南省石煤及其伴生矿产的相关地质资料，圈定石煤远景区；对石煤远景区进行野外踏勘和系统评价，优选出重点调查区；对两河口-观音寺重点调查区和楠木铺-松溪铺重点调查区开展 1∶5 万石煤资源调查评价工作，初步了解区内的构造形态、石煤层数、厚度、埋深、质量，了解石煤伴生矿产（钒、镉、镍、钼等）的赋存情况，了解石煤与重要页岩气层段的空间分布关系和规律，提出勘查靶区及工作部署建议，为石煤资源综合勘查开发提供地质依据。

本书是第一本全面系统研究湖南省石煤地质特征、资源评价的专著，是湖南省石煤地质基础研究的系统集成，填补了该领域空白，为湖南省石煤勘探开发提供了理论依据及基础数据，为科研院所进行相关研究提供了可靠参考。

中国地质调查局发展研究中心、湖南省地质院等单位为本书出版提供了多方面的帮助。在本书正式出版之际，谨向为之做出贡献的上述单位、个人以及其他工程技术人员表示衷心感谢。由于著者水平所限，书中不足之处恳请广大读者批评斧正。

著者谨识
2023 年 3 月

目 录

第一章　绪　论 …………………………………………………………………… (1)
　　第一节　国内外石煤研究与勘探开发现状 ………………………………… (1)
　　第二节　湖南省石煤资源研究与勘探开发现状 …………………………… (2)
　　第三节　调查区简介 ………………………………………………………… (5)

第二章　研究方法介绍 …………………………………………………………… (8)
　　第一节　调查方法及工程布置 ……………………………………………… (8)
　　第二节　调查工作及质量评述 ……………………………………………… (16)

第三章　区域地质背景 …………………………………………………………… (40)
　　第一节　区域地层 …………………………………………………………… (40)
　　第二节　区域构造 …………………………………………………………… (42)
　　第三节　区域岩浆活动 ……………………………………………………… (46)

第四章　调查区地质 ……………………………………………………………… (48)
　　第一节　地　层 ……………………………………………………………… (48)
　　第二节　构　造 ……………………………………………………………… (53)

第五章　含石煤地层、石煤层厚度及煤质 ……………………………………… (63)
　　第一节　含石煤地层及含石煤性 …………………………………………… (63)
　　第二节　牛蹄塘组石煤层 …………………………………………………… (65)
　　第三节　石煤煤质 …………………………………………………………… (73)

· I ·

第六章　聚煤规律和石煤勘查靶区圈定 …………………………………………… (83)
第一节　聚煤作用分析 ……………………………………………………………… (83)
第二节　石煤勘查靶区圈定 ………………………………………………………… (87)

第七章　调查区域开采条件特征 ………………………………………………………… (95)
第一节　水文地质条件 ……………………………………………………………… (95)
第二节　工程地质条件 ……………………………………………………………… (101)
第三节　环境地质条件 ……………………………………………………………… (105)

第八章　资源量估算 ………………………………………………………………………… (109)
第一节　资源量估算范围、工业指标与级别划分 ………………………………… (109)
第二节　资源量估算方法 …………………………………………………………… (111)
第三节　资源量估算参数的确定 …………………………………………………… (111)
第四节　资源量估算结果 …………………………………………………………… (112)
第五节　资源量估算其他情况说明 ………………………………………………… (116)

第九章　煤炭资源远景评价 ……………………………………………………………… (117)
第一节　两河口-观音寺重点调查区 ……………………………………………… (117)
第二节　楠木铺-松溪铺重点调查区 ……………………………………………… (118)
第三节　背儿岩-牛溪坪石煤重点调查区 ………………………………………… (119)
第四节　小淹石煤重点调查区 ……………………………………………………… (120)

第十章　其他矿产 ………………………………………………………………………… (122)

第十一章　结　论 ………………………………………………………………………… (133)

主要参考文献 ……………………………………………………………………………… (136)

第一章 绪 论

石煤(stone coal)是一种含碳少、低热值的燃料,也是一种低品位的多金属共生矿,由菌藻类等生物遗体在浅海、潟湖、海湾条件下经腐泥化作用及煤化作用转变而成(刘志逊等,2016;Dai et al.,2018),主要赋存于震旦系、寒武系、志留系等古老地层中(王泽秋,1992;汪贻水,1998)。石煤资源一般用于发电和建材,同时也是除钒钛磁铁矿外又一种重要的提钒原料,在我国该赋存形式的钒矿资源储量可达 1.18 亿 t,约占其 V_2O_5 总储量的 87%(宾智勇,2006;贺慧琴,2007;张一敏,2014),因此,石煤资源勘探开发和综合利用显得很重要(高健伟,2010;储少军和章俊,2014)。

第一节 国内外石煤研究与勘探开发现状

20 世纪 80 年代以前,国外学者研究和关注的黑色页岩主要是与油气等能源资源有关的黑色页岩。80 年代以后,国际地学界才陆续开展与黑色岩系有关的矿床的研究(Guo et al.,2007,2016;游先军,2010)。1987 年 2 月,在巴黎国际地质对比计划常委会第 15 次会议上通过并启动的 254 项"黑色页岩成矿作用"项目(IGCP254),使世界范围内国家和地区对黑色岩系的成矿性和含矿性进行了系统深入的研究。通过该项目发现了中国、美国和秘鲁等少数几个国家拥有石煤资源,但除中国外,世界其他地区的石煤资源多属富钼镍型黑色页岩,石煤型钒矿的报道较少见,仅在美国宾夕法尼亚州和内华达州发现了与石煤型钒矿相似的多金属黑色页岩矿床,因此可以说石煤型钒矿是我国独特的一种钒矿资源(Pasava,1990;徐耀兵,2009;Xu et al.,2012;Pi et al.,2013)。

国内学者就黑色岩系的成矿性和含矿性的调查研究始于 20 世纪 50 年代,20 世纪 80 年代后达到高潮并形成了大量的研究成果。20 世纪 70 年代国家计划委员会对我国南方各省组织开展了石煤资源综合考察并于 1983 年公布了《南方石煤资源综合考察报告》。报告显示我国石煤资源储量巨大,主要分布在湘、鄂、赣、浙、桂、粤、皖、黔、豫、陕等 10 个省、自治区(浙江省煤炭工业局,1980;颜志良,2013)。上述省、自治区的探明储量有 39 亿 t,综合考察储量 580 亿 t,总储量达到 619 亿 t(何东升,2009;陈西民等,2010;李昌林,2011)。除了石煤地质探查研究外,从 20 世纪 80 年代开始,研究学者也进行了石煤综合利用包括燃烧、提钒、烧制水泥等方面的研究,获得了很多宝贵的技术经验(宋明义,2009;闫继武,2012;宁顺明和马荣骏,2012;储少军和章俊,2014)。尤其是针对石煤中 V_2O_5 储量的考察意义重大。经考察发现:我国石煤中钒总储量巨大,若以钒的边界开采品位 V_2O_5 含量 0.5% 为评价指标,那么我国石煤中的钒储量占我国钒总储量的 87% 以上(汪贻水,1998;蒋凯琦等,2010;惠学德等,2011;李佳等,2016)。

钒是一种重要的战略资源,被广泛地应用在现代工业的诸多领域。在钢铁行业中,V 作为一种重要的微合金元素,可以显著细化钢的组织和晶粒,提高钢的强度、韧性等综合机械性能及焊接性能(兰涛等,2013;王梅芳和胡明扬,2018;胡艺博等,2019;李崇等,2021)。在航空航天工业中,含钒合金 Ti-6Al-4V 已成为各种航天器械中不可替代的结构件制造材料。在化工领域中,含钒化合物是难以替代的催化剂(蔡晋强,2001;张剑等,2010;焦向科,2012;刘景槐和牛磊,2012)。在能源领域中,含钒液流电池因具有优良的充放电性能,已成为储能的重要技术手段之一(许国镇,1988;曹继,2011)。因此,石煤资源的高效、合理开发与应用,对保障我国国民经济的长期稳定发展具有重要的意义。

第二节 湖南省石煤资源研究与勘探开发现状

湖南的石煤储量位居诸省之首,湘西北的储量则位居湖南之首(包正湘和陈延福,1988;周浩达,1990;姜月华等,1994)。湖南的石煤有 9 个成矿时代或层位,分别为前震旦系板溪群马底驿组、下震旦统莲沱组、上震旦统陡山沱组和灯影组(也称为留茶坡组)、下寒武统牛蹄塘组(又名木昌组,即小烟溪组)、中寒武统探溪组、上寒武统田家坪组、下奥陶统白水溪组、上二叠统乐平组(即龙潭组),其中,牛蹄塘组的石煤煤层较厚、储量较大且质量最好(裴庆君,1981;李有禹,1995;张琳婷等,2015)。湖南省石煤层实际上是一种有机碳含量高(10%左右)、发热量达 3349 kJ/kg 的黑色碳泥质硅质页岩,可见海绵骨针及蓝绿藻等(陈延福,1981;江新华,2010;王克营等,2016)。

湖南省为我国石煤资源最丰富的省份,资源潜力约 187 亿 t,约占全国的 1/3(刘光昭等,2008),主要分布在湘西自治州、常德、岳阳、益阳、黔阳等地区,分布面积约 3 万 km²。目前湖南益阳石煤发电综合利用试验厂以石煤为燃料,其发电效果好,因此石煤需求大(蔡晋强,1996;刘鸿诗等,2005;谢贵珍等,2006;夏罗平等,2023)。

中华人民共和国成立前,湖南省对石煤没有进行过专门系统的地质调查工作,仅田奇㻬等于 1936—1940 年间,在吉首猴子坪等地对寒武系进行过调查。1958—1960 年,由于缺煤地区煤炭资源供应紧张,村民就地开发利用石煤烧制石灰、砖瓦的现象日渐普遍。1960 年以后,在常德、益阳、岳阳等交通方便地区,为了响应当地开采利用石煤的迫切要求,地矿系统队伍对极少数矿段进行了调查,投入了一定的工作量。

1970—1978 年,地矿、煤炭系统对洞庭湖区等几个石煤区段的局部地段进行了专门勘查,对石煤进行了综合评价;截至 1980 年,提交了不同程度的石煤勘查或综合性评价地质报告共 22 份,施工钻孔 299 个,钻探工作量 68 062.74 m,获得不同级别的石煤储量 15.9 亿 t。

1978 年 7 月—1981 年 8 月,湖南省煤田地质勘探公司、湖南省冶金勘探公司、湖南省地质局等单位在充分收集以往石煤地质勘查资料的基础上,对全省石煤进行了综合考察,概略了解石煤赋存于上震旦统陡山沱组、灯影组和下寒武统牛蹄塘组中,并含有 V 等多种伴生元素,综合利用价值较高;并于1981年8月提交了《湖南省石煤资源综合考察报告》,概略预测全省石煤资源量187亿t,同时对伴生在石煤中的45种元素进行了测定,对具有工业品位的伴生矿产进行了资源量预测,预测钒资源量3 813.7万t,镉资源量21.306万t。

1984年4月,湖南省地质局402队提交了《湖南省平江县板口石煤调查区普查地质报告》。完成钻探1468 m,浅钻77 m,探槽1056 m³,采样2164个,1∶5000地形地质测量8.5 km²。查明下寒武统牛蹄塘组发育石煤3层:Ⅰ石煤层厚5.59 m,平均热值3.17 MJ/kg;Ⅱ石煤层厚5.24 m,平均热值3.20 MJ/kg;Ⅲ石煤层厚5.65 m,平均热值2.52 MJ/kg。提交C+D级石煤储量1032万t,其中C1级146万t。

1987年12月,湖南省地质局418队提交了《湖南省绥宁县金属调查区石煤地质报告》。完成1∶2.5万地形地质测量36 km²,硐探99 m,探槽10 m³,采样41个。查明下寒武统牛蹄塘组发育石煤2层,Ⅰ石煤层平均厚11m,Ⅱ石煤层平均厚6.9 m。石煤热值8.39 MJ/kg。探获石煤436万t。

1990年12月,湖南省煤田地质勘探公司提交《湖南省沅陵县马底驿乡白雾坪石煤、钒矿浅部勘查地质报告》。完成1∶5000地质、水文地质测量0.6 km²,探槽719.05 m³,采样测试293个。查明下寒武统牛蹄塘组Ⅰ石煤层厚3.79～9.87 m,平均厚6.57 m,为高灰、特低硫、中磷、低热值石煤;Ⅱ矿层为石煤钒矿层,位于Ⅰ矿层之上,全层为石煤,仅本层下部含钒,厚7～14 m,平均厚10 m,V_2O_5品位0.92%～1.22%,平均品位1.06%。经湖南省矿产储量委员会批准,石煤储量C级214万t,D级426.4万t;V_2O_5储量为C级0.8万t,D级1.684万t。

2006年7月,湖南省地矿局418队提交了《湖南省安化县杨林调查区石煤、钒矿普查报告》。完成1∶5万、1∶1万地质填图分别为69 km²和47 km²;钻探1 384.11 m,坑探187.2 m,样品测试507个。查明石煤、钒矿赋存于下寒武统牛蹄塘组中。区内有石煤2层,平均厚14.54～32.88 m,热值3.4～4.5 MJ/kg。两石煤层含钒矿7层,平均厚2.46～5.62 m,V_2O_5平均品位为0.82%～1.01%。区内水文地质条件中等,工程地质条件中等偏复杂。经湖南省矿产资源储量评审中心审定,普查获石煤333类资源量37 519万t、334类资源量2437万t,钒资源量423 294万t。

2007年7月,湖南省有色地质勘查局245队提交了《湖南省泸溪县潮地调查区石煤矿普查地质报告》。完成1∶1万地质简测15.2 km²,1∶2000实测地质剖面11.04 km²,探槽2 010.93 m³,钻探1 104.60 m,样品分析630个。查明下寒武统牛蹄塘组含可采石煤1层,平均厚27.51 m,平均热值3.72 MJ/kg。石煤层下赋存Ⅰ号和Ⅱ号钒矿层,Ⅰ号钒矿层走向长4800 m,平均厚1.93 m,平均品位0.96%;Ⅱ号钒矿层分布零星,平均厚1.78 m,平均品位0.83%。本次共探获石煤矿石量(333+334)1.98亿t,同时提交共生钒金属量6 235.67 t、伴生钒金属量45.93万t。调查区水文地质条件、工程地质条件、环境地质条件均属简单。

2007年8月,湖南省地质矿产勘查开发局414队提交了《湖南省益阳市泥江口石煤调查区瞎子仑矿段益阳石煤发电综合利用试验厂石煤矿资源储量核实报告》。完成1∶5000地质图(修测)2.1 km²,采矿场编录1000 m,采样25个。查明下寒武统牛蹄塘组含可采石煤1层,厚10～55.91 m,平均厚48.74 m,热值3.72～4.24 MJ/kg,全硫2%～4%。化学、光谱分析发现,石煤层除含钒外,尚有少量磷、锌、银。水文、工程地质条件中等。备案保有量

(111b)560.7 万 t,(122b)91.5 万 t,(333)368.4 万 t;累探量(111b)1 114.2 万 t,(122b) 91.5 万 t,(333)368.4 万 t。

2009 年 3 月,湖南天源国土资源勘查有限公司提交了《湖南省益阳市赫山区泥江口调查区橙子坡调查区石煤钒矿资源储量核实报告》。完成地表调查 1.8 km², 采场素描 340 m, 采样 32 个。查明石煤矿赋存于下寒武统牛蹄塘组中,严格受层位控制。石煤厚 10.84~68.23 m, 平均厚 42.54 m。石煤矿层中伴生组分钒含量在 0.2%~1.5%之间,平均 0.7%左右。经核实,至 2009 年 3 月止,矿山 333 类别的石煤 3 049.7 万 t,其中含伴生钒 11.40 万 t。矿山水文地质条件、工程地质条件、环境地质条件均较简单。

2009 年 3 月,湖南天源国土资源勘查有限公司提交了《湖南省益阳市赫山区泥江口调查区龙潭口矿段樊家庙石煤钒矿资源储量核实报告》。完成地质素描 82 m,采样及分析 31 个。查明石煤矿赋存于下寒武统牛蹄塘组中,矿山总体构造简单,石煤厚 20.83~35.71 m, 热值平均为 4.56 MJ/kg。石煤层伴生组分主要为钒矿和铀矿。钒矿厚 6.22~21.45 m,平均厚 10.64 m,平均品位 0.7%。铀矿无工业价值。经核实,截至 2008 年 12 月底,保有石煤资源量(333)1 219.2 万 t,伴生钒 41 156 t;采损石煤资源量(333)26.8 万 t,伴生钒 896 t;累探石煤资源量(333)1246 万 t,伴生钒 42 052 t。矿山水文地质、工程地质条件简单,环境地质条件中等。石煤厚度 20.83~35.71 m。石煤中伴生钒含量为 0.2%~1.5%,平均约 0.7%。经核实,至 2009 年 3 月止,矿山 333 类别的石煤 3 049.7 万 t,伴生钒 11.40 万 t。矿山水文地质、工程地质、环境地质条件均较简单。

2009 年 9 月,湖南省地质矿产勘查开发局 407 队受华银电力股份有限公司委托提交了《湖南省会同县鲁冲—铁溪调查区土洞井田石煤勘探报告》。完成 1∶5000 地质测量 10 km², 1∶2000 实测地质剖面 10.39 km,钻探及编录 5 103.53 m,探槽 1 977.01 m³,采样 1938 个。查明下寒武统牛蹄塘组含可采石煤 3 层。其中 I 石煤矿组最大厚度 139.98 m,最小厚度 50.82 m,平均厚度 104.32 m,平均热值 4.55 MJ/kg。井田石煤资源量共 98 604 万 t, 其中工业石煤 72 630 万 t,占 73.7%;低热值石煤 25 974 万 t,占 26.3%。石煤层中伴生 V_2O_5 资源量(333)376.5 万 t。

2011 年 4 月,湖南省地质矿产勘查开发局 403 队提交了《湖南省桃源县王家坪调查区钒矿详查报告》。完成主要实物工作量:1∶5000 地形测绘 20 km²,1∶5000 地质修测 15 km², 工程点测量 68 点,探槽 1 495.28 m³,钻探 2 525.22 m。工作查明钒矿赋存于下寒武统牛蹄塘组下部黑色碳质页岩中,钒矿层呈层状产出,产状与围岩一致。区内钒矿工业矿层主要为 Ⅱ、Ⅲ 矿层。Ⅱ矿层为含磷质结核的钒矿(主矿层),平均厚度 12.21 m,平均品位 0.780%。Ⅲ矿层位于主矿层上部,为页岩型钒矿,平均厚度 7.40 m,平均品位 0.763%。全区 Ⅱ、Ⅲ 矿层共探获 333+334 类 V_2O_5 资源量 275.85 万 t,达到大型钒矿规模,其中 333 类 76.55 万 t。区内伴生石煤矿,全区共探获石煤 333 类资源量 22 953.94 万 t,334 类资源量 50 490.38 万 t。

第三节 调查区简介

本书着重介绍两河口-观音寺、楠木铺-松溪铺两个调查区,分述如下。

一、两河口-观音寺重点调查区

两河口-观音寺重点调查区位于常德市桃源县,地处东经110°50′16″—111°14′43″、北纬28°50′50″—29°07′28″(图1-1)。该重点调查区外部交通较为便利,东部紧靠省道S227,经S227、S306直达常德市,再经长张高速(G5513)可直达长沙市;内部交通同样便利,由理公港镇经县道X64可直达牛车河乡,县道X64基本上东西向贯穿了整个北区。省道S227贯穿了工区的南北区,从北向南依次经过理公港镇、两河口和观音寺镇,此外,县级或乡村公路贯穿各乡村。两河口-观音寺重点调查区分南、北两段,两段之间分布有大面积的板溪群变质岩,对石煤地质调查无意义;调查区北段的剔除区登记了钒矿矿权,并已提交了详查报告,面积为25 km²。北段面积为353.6 km²(包含剔除区),南段面积为171.4 km²。本次调查区域(不包含剔除区)总面积为500 km²。

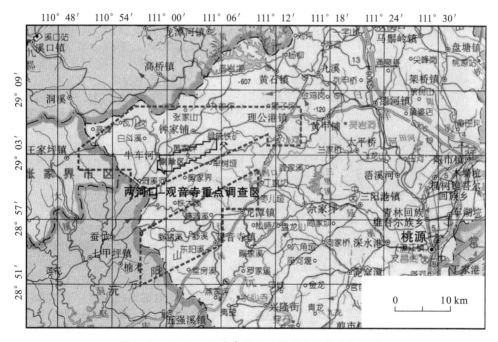

图1-1 两河口-观音寺重点石煤调查区交通位置图

两河口-观音寺重点调查区绝大部分位于桃源县西部的武陵山余脉,属低山、丘陵地貌,一般海拔为100～850 m(图1-2)。

该调查区属中亚热带季风气候,四季分明,干湿两季明显,多年平均气温16.5 ℃。年平均气温分布除南部和西北部山区低于16.0 ℃之外,其余地区在16.0~16.5 ℃之间。年平均降水量为1437 mm,年平均相对湿度为82%。年日照时数1529 h,年平均日照率为5%。

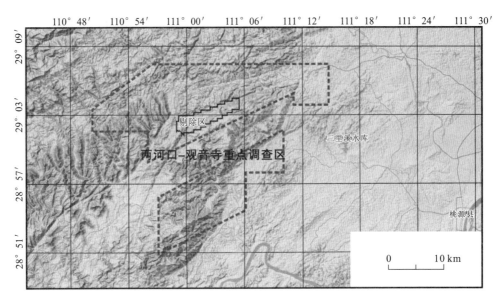

图1-2　两河口-观音寺重点调查区地形地貌图

二、楠木铺-松溪铺重点调查区

楠木铺-松溪铺重点调查区位于湖南省西北部沅麻盆地东缘、雪峰山西麓,行政上隶属怀化市沅陵县。总体为一北东-南西向展布的狭长形区域。地处东经110°21′—110°45′、北纬28°15′—29°39′(图1-3)。调查区外部交通较为便利,经常吉高速(G56)可直达常德市,再经长张高速(G5513)可直达长沙市;调查区内部交通同样便利,G319国道与常吉高速(G56)基本上贯穿调查区北东至南西,国道两侧尚有南北向简易公路与乡村相连接,西邻沅江可四季通航。楠木铺-松溪铺重点调查区总面积为300 km²。

调查区地形总体呈东北、西南高,中部低的态势,西南部有高达707 m的牯牛山,东北部有高达641 m的观音山,高差在600 m左右,山势陡峻,地形复杂,为穿越条件较差的地域(图1-4)。调查区水系发育,北邻五强溪水库,西邻沅江,区内有数条南北向或北西向的沅江支流水系,中部有岩屋潭水库。

调查区属亚热带季风湿润气候,全年气温较高,阳光充足,雨量充沛,四季分明,年平均气温16.6 ℃。年末至次年2月最冷,7—8月最热。春季多雨,尤其是春夏之交(4—6月),秋、冬少雨。

第一章 绪 论

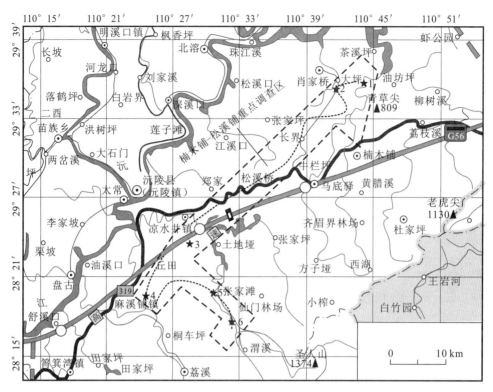

图 1-3 楠木铺-松溪铺重点调查区交通位置图

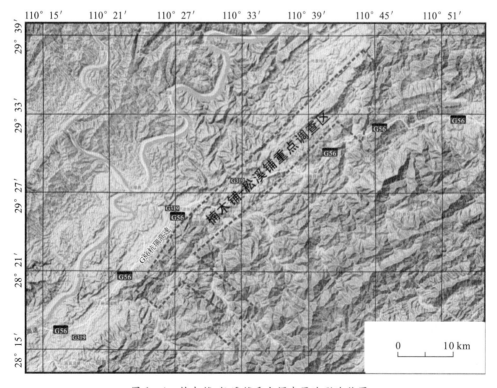

图 1-4 楠木铺-松溪铺重点调查区地形地貌图

第二章 研究方法介绍

第一节 调查方法及工程布置

一、工作思路和技术路线

(1)笔者系统收集区域地质、物化探、石煤以及相关矿产地质资料,进行初步分析,在全省范围内圈定石煤远景区。

(2)对全省下寒武统牛蹄塘组等的石煤层纵横向分布特征及伴生矿产品位等资料进行综合分析,并在全省范围内分区开展石煤实地踏勘工作,对人工揭露的和天然的石煤露头进行综合研究,在上述工作的基础上从石煤远景区中优选出重点调查区。

(3)两河口-观音寺、楠木铺-松溪铺重点调查区高山林立,地形切割较强,高差较大,植被茂盛,红土层及第四系覆盖较为严重,物性条件一般,地层发育较全,地层出露中等,构造中等,故对两河口-观音寺和楠木铺-松溪铺重点调查区分别开展1∶5万地质填图(正测、简测)、地质剖面实测(1∶2000)、槽探、高密度电阻率法勘探以及采样测试等地表扫面工作,圈定富石煤地段,并进行探矿工程验证。

(4)对取得的资料进行综合研究,并分析评价石煤及伴生矿产资源潜力,提出勘查靶区圈定及工作部署建议,为石煤资源综合勘查开发提供地质依据。

技术路线如图2-1所示。

二、工程布置

(一)工程部署原则

根据以往地质工作取得的成果,确定各项具体工作的部署原则如下:

(1)充分收集与分析以往地质资料,遵循"由已知到未知,由浅到深,由表及里,先稀后密"的原则,同时坚持"地质三边"(边勘探施工,边分析研究资料,边调整修改设计)的方针,主攻石煤层,兼顾伴生矿产,工作地层主攻牛蹄塘组,顾及陡山沱组与灯影组。

(2)含石煤远景区的圈定采用分析评价的方法,即在以往资料收集的基础上,经综合分

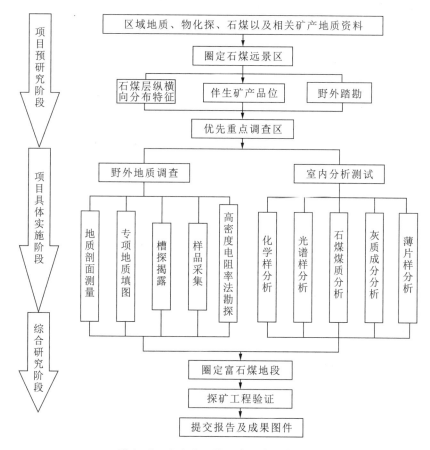

图 2-1 湖南省石煤调查评价技术路线

析确定;石煤重点调查区的圈定采用综合分析与踏勘验证相结合的方法;重点调查区采用地表扫面的方法(地质测量、槽探、高密度电阻率法勘探以及采样测试等),以达到圈定富石煤地段的目的。

(3)将地表工程如实测地质剖面、槽探、高密度电阻率法勘探等工作手段有机结合起来,形成约 2 km 间距的工程控制,以最小的工作量达到最好的勘查效果。

(4)2014 年,对全省石煤发育区进行踏勘,对立项预定的重点调查区进行修正,在两河口-观音寺重点调查区开展地质填图、槽探、地面物探(高密度电阻率法勘探)工作。2015 年,在背儿岩-牛溪坪重点调查区开展地质填图、槽探、地面物探工作,对两河口-观音寺重点调查区的重要富石煤地段进行探矿工程验证。2016 年,在楠木铺-松溪铺、小淹重点调查区开展地质填图、槽探、地面物探工作,对背儿岩-牛溪坪及 2016 年度工作区以内的重要富石煤地段进行探矿工程验证。在整个项目进行的室内研究阶段,结合省内的页岩气调查评价成果及重点调查区周边的页岩气区块勘查资料,对石煤层与重要页岩层段的空间分布关系进行深入研究。

(二)总体工作布置

2014年度两河口-观音寺重点调查区的工作为系统收集区域地质、物化探、石煤以及相关矿产地质资料,进行初步分析,在全省范围内圈定石煤远景区。在全省范围内踏勘,对初步设计的石煤重点调查区进行修正。2014年度工作最重要的一项是对两河口-观音寺重点调查区开展1∶5万专项地质调查、地质剖面测量、槽探与采样测试等工作,大致了解区内含石煤地层的分布范围、厚度及埋深情况,结合两河口-观音寺重点调查区相关页岩气地质成果,分析石煤与重要页岩气层段的空间分布关系和规律,提出下一步探矿工程验证的勘查靶区;召开南方缺煤省份煤调技术研讨会。

2015年度工作主要是对楠木铺-松溪铺重点调查区开展地质剖面测量、1∶5万石煤专项地质调查(简测)、槽探与采样测试等工作,大致了解调查区内石煤层的空间分布、发育层数、厚度、埋深及质量等情况;进一步了解石煤伴生矿产(钒、镉、镍、钼等)的赋存情况,估算石煤资源量,并了解石煤与重要页岩气层段的空间分布关系和规律,提出下一步探矿工程验证的勘查靶区。

(三)具体方案

2014年度两河口-观音寺重点调查区工程布置地底图采用湖南省测绘局1979年出版的牛车河幅(H-49-102-D)、理公港幅(H-49-103-B)、七甲坪幅(H-49-114-B)、龙潭幅(H-49-114-A)4幅1∶5万棕色地形图,同时把原有1∶20万大庸幅和常德幅地质图的内容反映上去,作为设计用图,施工用图不带地质界线。2015年度楠木铺-松溪铺重点调查区采用国家测绘总局测绘出版的乌宿幅(H-49-125-B)、沅陵幅(H-49-125-D)、四都坪幅(H-49-126-A)、官庄幅(H-49-126-B)、马底驿幅(H-49-126-C)、湖南坡幅(H-49-126-D)、麻溪铺幅(H-49-137-B)、让家溪幅(H-49-138-A)、奎溪坪幅(H-49-138-B)9幅1∶5万棕色地形图拼接而成(图2-2),同时与1∶20万沅陵幅区域地质图进行综合,作为设计用图,施工用图不带地质界线。

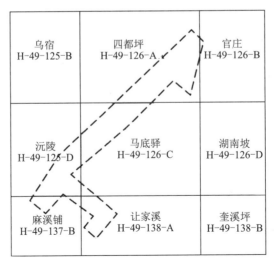

图2-2 楠木铺-松溪铺重点调查区与1∶5万幅地形图关系示意图

其具体实施过程列述如下。

1. 踏勘

在原设计基础上,首先在全省范围内针对石煤开展踏勘,重新确定石煤重点调查区范围。踏勘重点区域为两河口-观音寺、张家界-明溪口、茶洞-麻栗场、古丈-万岩、凤凰县-锦和镇、背儿岩-牛溪坪、楠木铺-松溪铺、小淹、东山、两丫坪、江口、绥宁、新铺。

2. 测量工作

对两河口-观音寺重点调查区布置15个控制测量点,建立控制测量网,对手持GPS机进行校正,提高野外地质工作精度。因经费有限,2015年楠木铺-松溪铺重点调查区未布置测量控制网,利用区内国家大地控制点对手持式GPS校正。

3. 地质剖面测量(1:500、1:2000)

根据踏勘结果及前述实测地质剖面的原则,选择地表出露较好、构造相对简单、垂直或大体垂直地层走向的地段开展1:2000地质剖面测量,在两河口-观音寺重点调查区、楠木铺-松溪铺重点调查区各布设8条实测剖面10 km(表2-1、表2-2),按照编号顺序测量。

表2-1 两河口-观音寺重点调查区设计实测剖面工作量表

实测剖面	位置	测遇地层	长度/km
P01	中心庵—土相冲	南沱组-陡山沱组-灯影-牛蹄塘组-石牌组-清虚洞组-敖溪组	2.5
P02	牛儿凹	南沱组-陡山沱组-灯影组-牛蹄塘组	0.6
P03	托家溪—张家老屋	灯影组-牛蹄塘组-石牌组-清虚洞组-敖溪组-车夫组	2.4
P04	千丈河	敖溪组-车夫组	0.8
P05	大庄坪	牛蹄塘组	1.2
P06	熊家介—团凸上	南沱组-陡山沱组-灯影组-牛蹄塘组-石牌组	1.0
P07	鱼儿坡	五强溪组-富禄组-古城组-大塘坡组-南沱组-陡山沱组-灯影组-牛蹄塘组	0.7
P08	贾家界	五强溪组-富禄组-古城组-大塘坡组-南沱组-陡山沱组-灯影组-牛蹄塘组	0.8
合计			10

表 2-2 楠木铺-松溪铺重点调查区设计实测剖面工作量表

实测剖面	位置	测遇地层	长度/km
P01	贺公坪	留茶坡组-牛蹄塘组-清虚洞组-污泥塘组-探溪组	1.0
P02	坪头院	板溪群-多益塘组-富禄组-大塘坡组-南沱组-陡山沱组-留茶坡组-牛蹄塘组-清虚洞组	1.5
P03	李家	留茶坡组-牛蹄塘组-清虚洞组	1.0
P04	湖田溶	陡山沱组-留茶坡组-牛蹄塘组-清虚洞组	1.0
P05	湖马池	陡山沱组-留茶坡组-牛蹄塘组-清虚洞组	1.0
P06	水獭滩	多益塘组-富禄组-大塘坡组-南沱组-留茶坡组-牛蹄塘组-清虚洞组-污泥塘组	1.5
P07	火米溪	留茶坡组-牛蹄塘组-清虚洞组-污泥塘组	1.0
P08	鲍家湾	板溪群-多益塘组-富禄组-大塘坡组-南沱组-陡山沱组-留茶坡组-牛蹄塘组-清虚洞组-污泥塘组-探溪组	2.0
合计			10

4. 专项地质填图

本次地质填图主要是为了查明区内地层地质界线、构造线,了解平面地质构造特征,进一步了解含石煤地层牛蹄塘组在地表的出露情况等。此次两河口-观音寺重点调查区地质填图比例尺为1:5万,填图面积为500 km²,精度为正测;楠木铺-松溪铺重点调查区地质填图比例尺为1:5万,填图面积为300 km²,精度为简测。地质填图采用沿地层倾向穿越法为主、沿地层走向追索法为辅的方法。本次两河口-观音寺重点调查区地质填图按照间距为1000 m、覆盖调查区的地质观察路线进行调查,相邻两条观察路线各控制500 m。楠木铺-松溪铺重点调查区则按照间距为1500 m、覆盖调查区的地质观测路线进行调查,相邻两条观测路线各控制750 m。

5. 槽探揭露

根据探槽布置原则,在两河口-观音寺重点调查区分别施工了15条探槽(表2-3),长度总共为2.85 km,总土方量5000 m³(含剖面剥土)。在楠木铺-松溪铺重点调查区布置5条探槽(表2-4),总土方量1000 m³(含剖面剥土),长度总共为0.48 km。施工了控制含石煤地层的岩性、厚度和含石煤性质变化的主干槽,以及控制可采石煤层的厚度、结构变化和断层的短探槽。主干槽与实测地质剖面等其他勘查手段形成的工程控制间距在4000~6000 m之间;短槽间距一般约为2000 m。探槽工作与实测地质剖面等其他野外工作同步实施,按照编号顺序进行。

表2-3 两河口-观音寺重点调查区设计槽探工程量明细表

探槽	位置	地质目的	土方量/m³	长度/km
TC01	林家冲西	揭露殷家冲逆断层	175	0.10
TC02	威家山东	揭露殷家冲逆断层	175	0.10
TC03	孟家溪西北	揭露殷家冲逆断层	175	0.10
TC04	炉厂峪北	揭露牛蹄塘组石煤层及瓦儿冈逆断层	625	0.35
TC05	王家滩西	揭露牛蹄塘组石煤层	175	0.10
TC06(主干槽)	马金洞南	揭露牛蹄塘组	1050	0.60
TC07	祖家溪	揭露牛蹄塘组石煤层	175	0.10
TC08	安渡溪东北	揭露牛蹄塘组石煤层	175	0.10
TC09	石家坪东	揭露牛蹄塘组石煤层	175	0.10
TC10(主干槽)	王家冲西	揭露牛蹄塘组石煤层及王家冲断层	700	0.40
TC11	野猪溪东	揭露牛蹄塘组石煤层	175	0.10
TC12	撩公溪	揭露牛蹄塘组石煤层	175	0.10
TC13(主干槽)	烂泥冲西	揭露牛蹄塘组	700	0.40
TC14	毛家坡北	揭露牛蹄塘组石煤层	175	0.10
TC15	舒溪西北	揭露牛蹄塘组石煤层	175	0.10
		合计	5000	2.85

表2-4 楠木铺-松溪铺重点调查区设计槽探工程量明细表

探槽	位置	地质目的	土方量/m³	长度/km
TC01	蒋家坪	揭露牛蹄塘组石煤层	200	0.1
TC02	老周介	揭露牛蹄塘组石煤层	200	0.1
TC03	松溪铺	揭露牛蹄塘组石煤层	200	0.1
TC04	大湾岭	揭露牛蹄塘组石煤层	200	0.1
TC05	红山坡	揭露牛蹄塘组石煤层	200	0.08
		合计	1000	0.48

6. 高密度电阻率法勘探

根据本次工作的目标任务及地质条件分析,电极距选为20 m。物探工作地形图比例尺为1:5万,与地质填图比例尺一致。执行的规范为《煤炭电法勘探规范》(MT/T 898—2000)。

测线布置原则:

(1)测线能反映区内总体构造特征、沿含石煤地层分布最宽、基本垂直地层走向或主要构造走向;

(2)测线尽量与探槽、实测地质剖面重叠;

(3)测线长度能够控制边缘构造。

根据前述工作部署原则,物探线基本避开水体、陡崖、民居成片的地段,确保每一个调查区段的主体构造单元有一条物探控制线。

该区共布置7条测线,分别为G1、G2、G3、G4、G5、G6、G7,主要用于控制主干断层的产状、牛蹄塘组下段石煤的地质特征、剖面构造形态及白垩系覆盖的牛蹄塘组。每条测线上点距为20 m,总共设计728个点,测线总长度为16 km,与其他工作手段配合形成约2 km间距的工程控制。详细工作量见表2-5。

表2-5 两河口-观音寺重点调查区设计高密度电阻率法勘探实物工作量

调查区	测线编号	位置	目的	测线长度/m	测点/个	备注
两河口-观音寺	G1	洪兴溪西	探测牛蹄塘组	1600	80	测点间距为20 m
	G2	芦家峪	探测殷家冲逆断层及牛蹄塘组石煤层	1600	80	
	G3	毛坪	探测殷家冲逆断层及牛蹄塘组石煤层	1600	80	
	G4	小马口-李家	探测王家冲断层及牛蹄塘组石煤层	1600	80	
	G5	阆家谷	探测王家冲断层及牛蹄塘组	1600	80	
	G6	会人溪	探测牛蹄塘组	3200	128	
	G7	向家坡-王家通	探测瓦儿冈逆断层及牛蹄塘组	4800	200	
合计				16 000	728	

通过该项工作,初步了解了石煤重点调查区断层产状、剖面构造形态、含石煤地层及石煤的分布和厚度变化情况,为今后探矿工程的布置提供了可靠依据。

7. 采样测试

为了研究岩石物质组成、结构及构造,指导野外岩石定名,在两河口-观音寺重点调查区采集了80块岩矿鉴定样;为了解目的层段石煤及伴生矿产的类型、品位及品位变化特征,在实测剖面上和探槽中,按照一个样品代表石煤层真厚度3 m的间距,运用刻槽法采石煤样400块。在楠木铺-松溪铺重点调查区采石煤样122块。石煤样的测试项目包括光谱半定量分析、化学样分析、石煤煤质分析和石煤灰成分分析。

所有样品送具有相应资质的单位(贵州省地质矿产勘查开发局黔东地矿测试中心)进行测试,工作方法和质量要求按有关规范执行,对样品分析结果要进行内、外检,内检率达到10%,外检率达到5%。

8. 室内分析整理

室内工作主要是对已获得各项资料的综合研究分析。结合已有的地质资料,综合分析项目工作周期中获取的记录、数据、表、图等资料,大致了解调查区构造形态,初步解释石煤层的埋藏深度、厚度和分布范围,可采石煤层层数、质量及伴生矿产品位等,圈定勘查靶区。最终,完成了项目报告编审及资料汇交。

三、完成主要工作量

2014 年度完成的工作详见主要实物工作量一览表(表 2-6)。

表 2-6 2014 年度完成的主要实物工作量一览表

工作手段名称		计量单位	2014 年度设计工作量	2014 年度实际完成工作量	工作量完成率/%	备注
圈定石煤远景区		个	3	3	100	
优选石煤重点调查区		个	4	4	100	
控制测量		点	15	16	107	E 级 GPS 网
地质剖面测量		km	10	10.041 7	100.417	1∶2000
1∶5 万石煤专项地质调查(正测)		km²	500	500	100	
槽探		m³	5000	5053	101	1∶100
高密度电阻率法勘探		点	728	930	128	高密度电阻率法
采样化验	石煤样	块	400	400	100	刻槽取样
	岩矿鉴定样	块	80	80	100	
提交年度考核报告		份	1	1	100	

2015 年度完成的工作详见主要实物工作量一览表(表 2-7)。

表 2-7 2015 年度完成的主要实物工作量一览表

工作手段名称		计量单位	2015 年度设计工作量	2015 年度实际完成工作量	工作量完成率/%	备注
地质剖面测量		km	10	11.226	112.26	1∶500
1∶5 万石煤专项地质调查(简测)		km²	300	300	100	
槽探		m³	1000	1 086.9	108.69	土石方
采样化验	石煤样	块	100	122	122	刻槽取样
	岩矿鉴定样	块	20	20	100	
提交年度考核报告		份	1	1	100	
公开发表论文		篇	1~3	1	100	学术论文

第二节 调查工作及质量评述

一、测量工作

(一)工作完成情况

本次测量工作由于经费问题,只在两河口-观音寺重点调查区部署了工作,在楠木铺-松溪铺重点调查区未开展此项工作。首级控制在两个国家 80 控制点 U071(理公港镇 C 级)和 U151(龙潭镇 C 级)布设了 E01—E16 共 16 个 E 级 GPS 控制点,其点位分布情况见图 2-3。测量成果见表 2-8。建立了调查区 E 级 GPS 控制网。

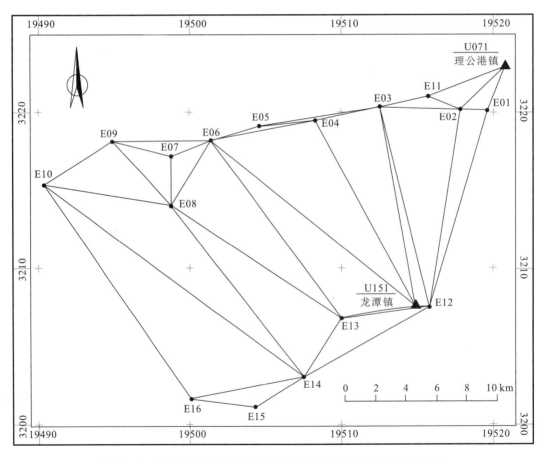

图 2-3 楠木铺-松溪铺重点调查区与 1∶5 万幅地形图关系示意图

表 2-8 控制点测量成果表

点号	X	Y	Z	备注
E01	3 220 062.049	519 552.238	74.069	E级GPS点
E02	3 220 118.652	517 751.660	131.767	E级GPS点
E03	3 220 285.495	512 454.746	135.292	E级GPS点
E04	3 219 452.833	508 232.241	180.659	E级GPS点
E05	3 219 048.608	504 530.206	200.422	E级GPS点
E06	3 218 158.253	501 358.963	280.359	E级GPS点
E07	3 217 139.433	498 707.254	253.899	E级GPS点
E08	3 213 992.020	498 711.515	187.382	E级GPS点
E09	3 218 082.548	494 815.373	298.664	E级GPS点
E10	3 215 313.665	490 252.996	228.182	E级GPS点
E11	3 220 946.518	515 656.693	122.390	E级GPS点
E12	3 207 512.139	515 731.940	112.956	E级GPS点
E13	3 206 795.081	509 942.265	151.645	E级GPS点
E14	3 203 050.763	507 454.006	84.094	E级GPS点
E15	3 201 099.429	504 283.967	111.293	E级GPS点
E16	3 201 636.406	500 033.449	346.330	E级GPS点

注:采用1980西安坐标系,1985国家高程基准。

(二)质量评述

本次测量工作坐标采用1980西安坐标系,高程系统为1985国家高程基准。平面、高程起算点采用国家四等点控制点。仪器采用中海达测绘公司的HD8200G型静态测量仪。作业依据为《全球定位系统(GPS)测量规范》(GB/T 18314—2009)。测量方法采用独立三角形几何构形测制完成。GPS平差采用中海达测绘公司接收机软件商提供的处理软件。

1. 平面控制测量及质量评述

E级GPS网以一个点的WGS-84系三维坐标作为起算数据,进行GPS网的无约束平差;在WGS-84的三维坐标精度符合GB/T 18314—2009中的有关规定下,在无约束平差确定的有效观测基础上,再输入已知控制点成果进行约束网平差计算。控制平面测量精度详见表2-9。

表 2-9 首级控制测量精度统计表

同步环闭合差		基线相对中误差		点位中误差	
最大	最小	最大	最小	最大	最小
1.8×10^{-6}	0.9×10^{-6}	1/122 124	1/647 319	4.7 mm	2.0 mm

从上表可以看出最弱边最大相对中误差为 1/122 124,精度完全符合规范要求。

2. 高程控制测量及质量评述

由于测区植被茂密,通视条件有限,本次高程控制测量使用 GPS 拟合高程来代替。拟合高程中误差统计见表 2－10。

表 2－10　高程控制测量精度统计表

点名	E01	E02	E03	E04	E05	E06	E07	E08
高程中误差/mm	5.6	10.3	7.9	8.1	7.4	9.5	10.7	10.5
点名	E09	E10	E11	E12	E13	E14	E15	E16
高程中误差/mm	9.7	12.3	8.9	6.4	10.6	10.7	13.7	11.4

高程控制测量直接采用 GPS 拟合高程,共利用 2 个已知点进行联测,联测图形良好,测区地形为低山丘陵区,工程点高程高差变化不大,故无须分区拟合。经拟合高程计算,本控制网最大高程中误差为 13.7 mm(E15),符合规范精度要求。

二、实测地质剖面工作

(一)工作完成情况

两河口-观音寺重点调查区设计部分剖面,由于地形、地貌复杂,不能在原位置进行实测。野外地质调查项目组成员根据进一步踏勘情况,依据"地质三边"原则,将原设计剖面位置进行了相应的调整,并相应增加了测量目的层牛蹄塘组的 5 条剖面,实测地质剖面的统计数据见表 2－11。

表 2－11　两河口-观音寺重点调查区实测地质剖面明细表

序号	实测剖面位置	长度/m	穿越地层	采样数量/个
P01	小河口—中心庵	1 594.5	$Z_2 l - \epsilon_1 n$	/
P02	牛儿凹	390.1	$Z_2 ds - Z_2 l - \epsilon_1 n$	/
P03＋P04	托家溪—牛家咀上	2 570.5	$Z_2 l - \epsilon_1 n - \epsilon_1 s - \epsilon_1 q - \epsilon_2 a - \epsilon_3 c$	16
P05	杨家坪—方田垇	969.3	$Z_2 l - \epsilon_1 n$	20
P06	镰刀湾	798.2	$\epsilon_1 n - \epsilon_1 s$	24
P07	王家坪	279	$Z_2 l - \epsilon_1 n$	8
P08	金花泉	1 383.1	$\epsilon_1 n$	25
P09	彭家圜	144.9	$Z_2 l - \epsilon_1 n - K_1 w^1$	11
P11	张乃垇	361.8	$\epsilon_1 n - \epsilon_1 s$	26
P12	七儿垭—毛坪	751.9	$Z_2 l - \epsilon_1 n - \epsilon_1 s$	30

续表 2-11

序号	实测剖面位置	长度/m	穿越地层	采样数量/个
P13	渡船口	673.9	$Z_2l - \epsilon_1n$	30
P14	何家荣	124.5	ϵ_1n	15
合计		10 041.7		205

注:地层代号中文名称见图 4-1。

楠木铺-松溪铺重点调查区设计部分剖面,由于地形、地貌复杂,不能在原位置进行实测。野外地质调查项目组成员根据进一步踏勘情况,依据"地质三边"原则,将原设计剖面位置进行了相应的调整,并相应增加了测量目的层牛蹄塘组,全区共实测 9 条剖面,实测地质剖面的统计数据见表 2-12。

表 2-12 楠木铺-松溪铺重点调查区实测地质剖面明细表

序号	实测剖面位置	长度/m	穿越地层	采样数量
P01	三门村	213	$Z_2l - \epsilon_1n$	/
P02	茅坪村	1581	$Z_2l - \epsilon_1n - \epsilon_1q$	12
P03	青山岗	660	$Pt_3 - Z_1h - Z_2j - Z_2l$	/
P04	上蒙福	1511	$Z_2l - \epsilon_1n$	12
P05	胡马池	1333	$Z_2l - \epsilon_1n - \epsilon_1q$	34
P06	池坪乡	1161	$Pt_3 - Z_1h - Z_2j - Z_2l - \epsilon_1n - \epsilon_1q$	10
P07	火米溪	936	$Z_2l - \epsilon_1n - \epsilon_1q$	8
P08	张家滩	2456	$Pt_3 - Z_1h - Z_2j - Z_2l - \epsilon_1n - \epsilon_2w - \epsilon_3t$	9
P09	蒙福庵	1375	$Z_2l - \epsilon_1n$	12
合计		11 226		97

注:地层代号中文名称见图 4-2。

(二)质量评述

此次实测地层剖面采用的比例尺是 1∶2000,针对目的层段下寒武统牛蹄塘组进行的实测剖面的比例尺为 1∶500。

剖面布设以下寒武统牛蹄塘组为重点研究对象,剖面线通过位置充分利用了沟谷和自然切面及人工采掘的坑穴、壕渠、铁路、公路两侧的崖壁等地形地貌。布设位置地层出露较好,剖面露头均大于 70%,且不受断层、褶皱及岩体干扰,做到在剖面线最短的情况下通过调查区最全地层。实测剖面线方向基本垂直于地层走向,两者之间的夹角为 60°~80°。当露头不连续时,就近布置一些短剖面加以平移拼接,同时严格注意层位拼接的准确性,确定明显的标志层作为拼接剖面的依据。

进行地质剖面测量时,由老至新测量地层,进行了详细的分层描述,仔细研究了岩石成分、结构、沉积物构造、厚度、分层标志、影像特征、化石组合及接触关系等,正确建立了地层层序,划分了填图单元。编录时,凡厚度大于 2 m 的岩层均单独分层;标志层、重要化石层、矿层、特殊成分和成因的夹层,不论厚度大小,均单独分层,并直接量取其真厚度。前期剖面测量时采用常规的皮尺测量方法,后期改进测量方法,采用高精度的 S750G2 手持 GPS(图2-4)进行剖面测量。

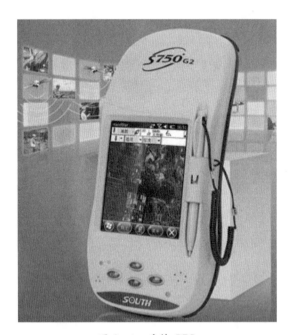

图 2-4 手持 GPS

剖面测量工作实行分组责任制,地质专业技术人员负责分层和岩石定名;测量人员负责定位测量分层界线点和导线拐点,剖面岩性发生变化处均有分层界线点控制,导线点号从剖面的起点到终点按顺序编号,如 1/2、2/3、3/4……各导线的位置都用油漆标记,并拍照保存点位及标志层、构造现象(图 2-5);地质组长负责各层岩性、构造等地质现象的描述和素描。

实测地质剖面图(图 2-6—图 2-8)采用投影法编制,由导线平面图、地质剖面图和地层柱状图组成,比例尺为 1∶500。

综上所述,地质剖面测量对地层划分正确,岩性分层合理,对地质现象、地质特征的观察、描述细致,记录正确。检查中未发现有重要地质内容遗漏现象。剖面计算、剖面图和柱状图编制方法正确,内容全,表达与记录一致;比例尺选择合理,图面美观整洁。通过实测地质剖面,结合以往地质工作分析,初步建立了调查区内重要地层层序和地层对比标志,对牛蹄塘组岩性、岩相及横向变化有了初步了解,为 1∶5 万填图地层单元划分提供了充分地质依据,工作质量满足相关标准、规范要求。

(a)两河口-观音寺重点调查区黑色页岩

(b)楠木铺-松溪铺重点调查区黑色页岩

图 2-5 实测地质剖面重要地质点油漆标记照

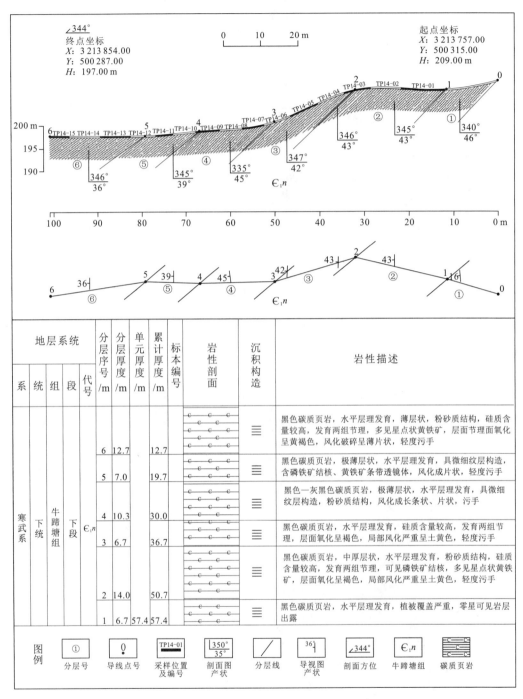

图 2-6 两河口-观音寺重点调查区实测地质剖面图(P14)

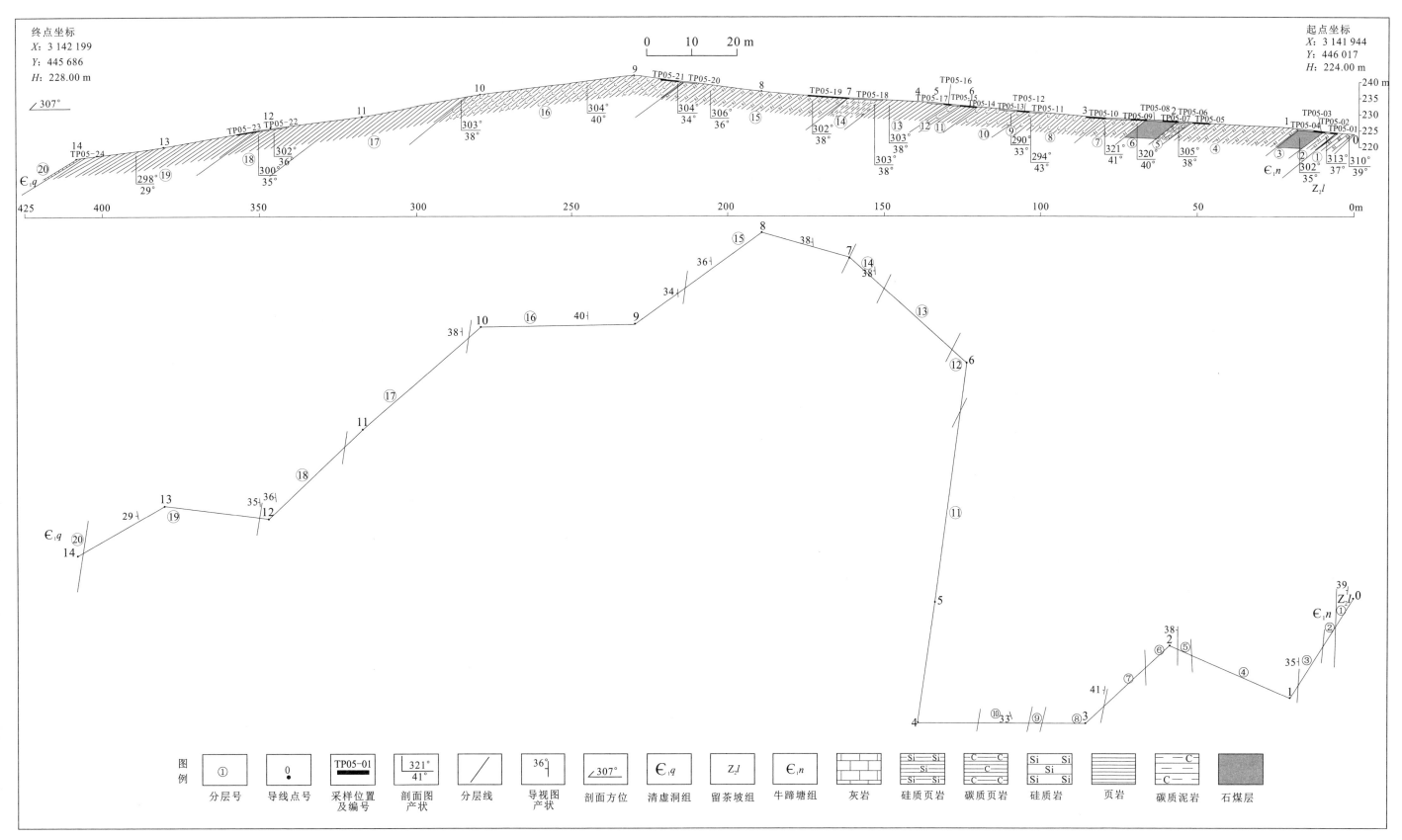

图2-7 楠木铺-松溪铺重点调查区实测地质剖面图（P05）（一）

地层系统				分层序号	分层厚度/m	单元厚度/m	累计厚度/m	标本编号	岩性剖面	沉积构造	岩性描述
系	统	组	段	代号							
寒武系	下统	清虚洞组		$\epsilon_1 q$							灰白色薄层状灰岩
		牛蹄塘组		$\epsilon_1 n$	19	24.29	24.29				灰黑色碳质板状页岩，水平层理，表面风化严重，呈灰白色，表面含铁质，呈红褐色
					18	12.90	37.19				灰褐色含碳绢云母页岩，碳质含量增大，表面含铁质，呈褐红色，见星点状黄铁矿
					17	20.52	57.71				灰至灰褐色绢云母页岩，碳质含量少，风化严重，呈灰白或青灰色
					16	40.95	98.66				灰黑色碳质板状页岩，含绢云母，水平层理，表面风化严重，见球状风化，呈灰褐色，风化后呈青灰色或灰白色
											灰至灰黑色硅质页岩，水平层理发育，硅质含量高，表面风化严重，呈土黄色或灰白色，24~29 m处为石煤层
											灰褐至黑色碳质泥岩，泥质含量高，碳质含量较高，轻度污手，表面风化严重，局部夹硅质页岩
											灰至灰褐色绢云母页岩，表面风化严重呈灰白色，岩石轻度破碎，碳质含量较少，水平层理发育
											黑色碳质泥岩，灰黑色夹薄层状硅质页岩，厚约5~10 cm，表面风化严重，绢云母含量较上一层减少，水平层理发育，节理密集发育，风化严重呈灰黑色
											灰至灰褐色含碳板状页岩，水平层理发育，碳质、硅质含量减少，含绢云母，滑手，风化后呈灰白色
					15	36.29	134.95				黑色碳质泥岩，水平层理发育，碳质含量高，中度污手，硅质含量较上一层高，硬度大，表面含铁质，呈红褐色，23 m处黄铁矿结核宽2~3 cm、长0.8~1.5 m。29 m处夹碳质泥岩，厚约1 m，重直层面方向见纹层
					14	6.01	140.96				灰黑色碳质页岩，水平层理发育，硅质含量减少，泥质含量增大，风化严重，呈灰黑色，节理发育，间隔4~15 cm，表面含铁质，呈红褐色
					13	14.11	155.07				灰黑至黑色碳质页岩，粉砂质含量高，轻度污手，含星点状含黄铁矿，表面风化严重，呈灰黄或灰褐色，节理发育，间隔5~20 cm，含硅质
					12	4.58	159.65				灰黑色碳质硅质页岩，薄层状，碳质含量较上一层减少，硅质含量同样减少，水平层理发育
					11	10.75	170.40				黑色碳质板状页岩，水平层理发育，粉砂质结构，硅质含量较高，硬度较大，节理发育，表面含铁质，呈红褐色，局部含硅质，呈黄色，硅质含量高，硬度大，敲击声清脆，含黄铁矿结核
					10	11.84	182.24				灰黑色碳质泥岩，水平层理发育，碳质含量高，风化严重，呈灰褐色，表面含黄铁矿，呈星点状，中度污染
					9	2.90	185.14				
					8	3.14	188.28				深灰至灰黑色硅质页岩，极薄层状，水平层理发育，含少量泥质及硅质，破碎风化严重，呈碎片状，局部表面含铁质，呈红褐色
					7	12.50	200.78				深灰至灰黑色板状页岩，水平层理，节理发育，间隔5~20 cm，风化严重，呈灰黄色或土黄色，新鲜表面碳质含量高。轻度污手，见星点状黄铁矿，含石煤层质，轻度污手，含硫
					6	1.80	202.58				
					5	2.98	205.56				
					4	1.98	207.54				
					3	4.78	212.32				灰黑色硅质页岩，水平层理发育，表面含硫，呈淡黄色，含铁质，呈红褐色，粉砂质含量高，轻度污手，见星点状黄铁矿
震旦系	上统	留茶坡组		$Z_2 l$	2	2.36	214.7 214.68				
					1	3.55	3.55 218.23				灰黑至灰色薄至中层状硅质岩，节理发育，呈菱形，表面风化严重，敲击声清脆

图 2-8 楠木铺-松溪铺重点调查区实测地质剖面图（P05）（二）

三、地质填图工作

(一)工作完成情况

两河口-观音寺重点调查区1∶5万石煤专项地质调查为正测,而楠木铺-松溪铺重点调查区1∶5万专项地质调查为简测。

两河口-观音寺重点调查区地质填图工作按照设计间距为1 km,共67条观测路线进行。填图工作的底图为4幅1∶5万地形图拼接图。完成了67条地质观测路线共1507个地质观测点的填图工作,其中断层点145个,地层界线点610个,背向斜构造点18个,岩性点734个,控制面积500 km²(表2-13)。

表2-13 两河口-观音寺重点调查区地质观测路线完成观测点数量统计表

路线序号	路线长度/km	观测点数量/个	路线序号	路线长度/km	观测点数量/个	路线序号	路线长度/km	观测点数量/个
1	2.50	7	24	13.56	40	47	4.75	13
2	5.00	16	25	14.04	28	48	4.24	8
3	7.55	23	26	14.50	30	49	5.00	9
4	8.06	27	27	14.95	40	50	7.06	9
5	8.06	29	28	14.76	32	51	9.16	27
6	8.06	40	29	14.56	37	52	9.24	13
7	8.06	32	30	14.39	25	53	9.24	17
8	8.06	43	31	14.20	38	54	9.24	22
9	8.06	26	32	14.01	21	55	9.24	9
10	7.37	32	33	13.82	35	56	9.24	23
11	7.60	43	34	8.39	12	57	9.24	19
12	8.08	18	35	7.74	7	58	9.24	16
13	8.54	34	36	7.09	13	59	9.24	18
14	9.00	18	37	6.45	14	60	9.24	23
15	9.45	31	38	5.80	8	61	9.24	24
16	9.90	36	39	5.15	10	62	9.24	21
17	10.37	13	40	3.57	12	63	9.24	32
18	10.83	31	41	3.56	11	64	9.24	19
19	11.29	33	42	5.61	10	65	6.28	16
20	11.75	42	43	6.80	11	66	4.12	8

续表 2-13

路线序号	路线长度/km	观测点数量/个	路线序号	路线长度/km	观测点数量/个	路线序号	路线长度/km	观测点数量/个
21	12.20	45	44	6.29	5	67	2.10	5
22	12.66	41	45	5.77	13			
23	13.12	31	46	5.26	13	合计	588.67	1507

楠木铺-松溪铺重点调查区地质填图工作按照设计间距为 1500 m,共计 40 条观测路线进行。填图工作的底图为 9 幅 1∶5 万地形图拼接图。完成了 40 条地质观测路线共 446 个地质观测点的填图工作,其中构造点、界线点、石煤控制点合计 408 个,其他共 38 个,控制面积 300 km²(表 2-14)。

表 2-14 地质观测路线完成观测点数量统计表

路线序号	路线长度/km	观测点数量/个	路线序号	路线长度/km	观测点数量/个	路线序号	路线长度/km	观测点数量/个
1	3.8	6	15	5.2	4	29	5.0	6
2	4.8	13	16	5.3	8	30	4.7	27
3	5.8	10	17	5.2	7	31	4.5	11
4	6.8	15	18	5.0	16	32	4.2	14
5	7.8	14	19	5.0	3	33	4.1	4
6	8.8	18	20	4.9	10	34	4.0	7
7	6.0	4	21	4.9	17	35	3.9	17
8	4.9	13	22	4.8	12	36	3.9	10
9	4.9	7	23	4.7	16	37	3.6	6
10	5.0	10	24	4.6	7	38	3.5	9
11	5.1	6	25	4.5	14	39	6.5	13
12	5.1	6	26	4.2	22	40	6.5	29
13	5.2	8	27	4.6	10			
14	5.2	9	28	4.9	8	总计	201.4	446

项目组通过对 2 个石煤重点调查区地层特征的认识,对地质填图单元重新调整并进行了统一。划分的原则是将相邻较薄的以组为单元的地层合并,且不跨统。

两河口-观音寺重点调查区共划分组段级单位 18 个,具体划分从下至上分别为:板溪群五强溪组(Pt_3wq)、多益塘组下段(Pt_3d^1)、多益塘组上段(Pt_3d^2)，下震旦统大塘坡组-古城组-富禄组(Z_1d+g+f)、南沱组(Z_1n)、上震旦统陡山沱组(Z_2ds)、老堡组(Z_2l)，下寒武统牛蹄塘组(ϵ_1n)、石牌组(ϵ_1s)、清虚洞组(ϵ_1q)，中寒武统敖溪组下段(ϵ_2a^1)、敖溪组上段(ϵ_2a^2)，上寒武统车夫组下段(ϵ_3c^1)、车夫组中段(ϵ_3c^2)、车夫组上段(ϵ_3c^3)，白垩系五龙组下段(K_1w^1)。

楠木铺-松溪铺重点调查区共划分组段级单位16个，具体划分由老至新分别为：板溪群(Pt_3)，下震旦统大塘坡组-富禄组(Z_1d+f)、洪江组(Z_1h)，上震旦统金家洞组(Z_2j)、留茶坡组(Z_2l)，下寒武统牛蹄塘组(ϵ_1n)、清虚洞组(ϵ_1q)，中寒武统污泥塘组(ϵ_2w)，上寒武统探溪组下段(ϵ_3t^1)，上石炭统大埔组(C_2d)，石炭-二叠系马平组(CPm)，下二叠统梁山组(P_1l)，中二叠统栖霞组(P_2q)，下侏罗统白田坝组(J_1b)，白垩系(K)，第四系(Q)。

(二)质量评述

1. 地形底图

勘查区以往进行过1∶20万区域地质调查工作，本次野外地质调查工作是在充分掌握以往地质资料的基础上进行的1∶5万石煤专项地质调查。本次地质填图的比例尺为1∶5万，填图单元为组段，采用1980西安坐标系，以1985国家高程基准为基础、国家测绘总局出版的1∶5万地形图为底图。

2. 地质构造类型及观测路线密度

基岩中面积小于0.5 km²，河、沟谷中宽度小于100 m的第四系不予表示，仍按基岩填制。

地质填图方法以穿越法为主，以追索法为辅，观测线路大致上垂直于地层走向、构造线，结合考虑地形和地物特点，地质观测路线的间距为700~1000 m，地质观测点间距250~500 m，一般400 m，平均观测点数3个/km²。当遇地层界线、断层、褶皱轴线、岩相变化、蚀变带、矿化点及矿点、重要化石点、标志层、代表性产状要素测量点、取样点以及其他有意义的地质现象观测部位时，进行加密控制。相邻两条观测线之间的标志层、矿层、主要断层，采用沿走向追索填图，由相邻两个填图组各控制1/2的距离。

3. 观测点野外记录及相关资料收集整理

地质观测点采用野外记录簿详细记录，用GPS记录坐标和高程等基本要素，在实地用红油漆作标记，详细描述填图单元的地质界线、地层岩性、岩相等地质特征，测量地层产状以及断层面和褶皱轴等构造现象，并作必要的素描拍照保存(图2-9、图2-10)。观测点点号为线号加点号，如D01-001表示1号线第一个观察点。同一地质观测点，在观测点30 m范围内量取地层产状，在断层观测点记录断层的产状，断层上、下盘地层产状，断层接触处岩石特征、断层性质等。

所有地质点均采用手持GPS定位，并结合地形、地物现场落图，图上标定的点位与实际位置误差小于50 m，地质界线做到野外现场勾绘，原始记录当天整理完毕，并随工作进展及时编制实际材料图。

图 2-9 两河口-观音寺重点调查区地质观察点照片

4. 填绘地质图

填绘地质图在建立地层层序、确定地质填图单位及分界标志的基础上开展工作,现场将地质观测点准确标定在 1:5 万地形图上,并依据"V"字形法则正确勾绘地质界线。

在野外现场填图时,先徒手勾图,用临时代号、简单注记等代替,当天回室内后,在计算机上将地质点各要素输入,并分析整理。

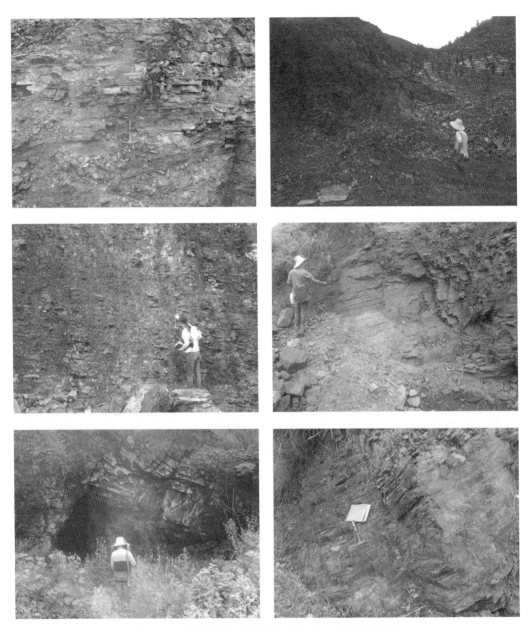

图 2-10 楠木铺-松溪铺重点调查区地质观察点照片

5. 人员分工

项目组将技术人员分成 3 个填图小组,每组 3 人,由地质专业技术人员组成。野外地质路线填图阶段,分 3 个小组全面开展,自东往西、由北往南,完成全部野外地质路线填图并复核(表 2-15)。

表 2-15 地质路线填图责任分工表

填图人员分组	路线编号	工作内容
第1组	1-10、15-16、21-22、27-28、33-34、39-40、45-46、51-52、57-58、63-65	野外记录、标本采集、野外编号、地质图勾描绘、作剖面图
第2组	11-12、17-18、23-24、29-30、35-36、41-42、47-48、53-54、59-60、66	
第3组	13-14、19-20、25-26、31-32、37-38、43-44、49-50、55-56、61-62、67	
室内组	室内资料整理,成图,协助解决疑难问题,临时替代小组成员进行野外工作,剖面采样、送样	

四、山地工程

(一)工作完成情况

2014年度,为确保探槽达到地质目的及顺利进行,施工前对现场进行了踏勘,因此,本次工作完成顺利;在两河口-观音寺重点调查区共施工探槽15条,共计土方量5 053.00 m³,揭露了含石煤岩系、石煤层、断层,揭露基岩比例达85.04%(图2-11),只有少量探槽的局部地段因覆盖层过厚而未见基岩。从各探槽揭露的地质特征,本次槽探施工达到了设计的地质目的。

图 2-11 2014年度野外探槽照片

2015年度,为确保探槽达到地质目的及顺利进行,施工前对现场进行了踏勘,并与当地政府进行协调；探槽施工时，有专人在现场进行技术指导，以保证工程质量和现场安全。

在楠木铺-松溪铺重点调查区共施工探槽 5 条（图 2-12），共计完成探槽施工及资料编录 1010 m，土石方量 1 086.9 m³，揭露基岩比例达 100%，并根据需要进行了采样化验。其中，TC01 为通槽，TC02—TC05 为短槽。由于 TC05 施工前，样品采集数量已达设计要求，故并未针对其进行采样，仅对其揭露石煤层情况进行了重点观测。

图 2-12　2015 年度探槽野外施工及目的层揭露情况

（二）质量评述

探槽施工前对施工现场进行了踏勘，探槽延伸方向基本垂直地层走向，重点揭露含石煤地层的石煤层露头位置、产状、厚度及区域性断层的地面位置。

探槽规格：上宽 1.5～2.0 m，下宽 0.6～0.8 m，深度 0～3 m（图 2-12），大部分深度为 2.0～3.0 m（需指出的是，部分因第四系盖层厚或探槽所揭露基岩破碎，不便取得地层产状及清晰的揭露地层界线而进行了加深）；所施工探槽槽壁坡度约 70°，槽底平均宽度 0.7 m，槽壁平直，以揭露壁上基岩厚度大于 0.3 m 为准，基岩揭露率达 91.5%。探槽达到设计要求，可对矿体（石煤层）、地层界线、构造进行有效的揭露和控制，可量取岩层的真实产状。构造槽应能观测到各类构造要素，并对揭露的石煤层进行了采样。本次槽探工作符合相关质量技术要求。

对探槽揭露的地质现象进行了详细分层和原始记录，野外记录内容齐全，及时进行了整理和质量检查，并编制了一壁一底探槽素描图。本次槽探工作符合设计及规范精度要求。

五、地面物探工作

（一）工作完成情况

由于经费不足，仅在两河口-观音寺重点调查区布置了地面物探工作。本次地面物探工作共设计电法勘探点728个,最终完成了930个,完成率高达128%,并且按照设计要求高质量完成了本次相关工作,对地表地质工作具有良好的解释作用。

1. 测线布置及装置

测线基本垂直地层走向或主要构造走向,测线长度能够控制边缘构造。根据本次调查工作的目标任务及地质条件分析,电极距20 m。物探工作比例尺为1∶5万,与地质填图比例尺一致。执行的规范为《煤炭电法勘探规范》(MT/T 898—2000)。

装置系数采用分层效果较好且抗干扰性高的温纳四极装置,最大隔离系数为16,最小隔离系数为1,电极极距为测点距20 m(根据实际情况,可进行加密测量),供电时间为0.3 s。

2. 仪器型号及参数

野外施工采用重庆地质仪器厂生产的DUK-2A高密度电阻率法测量系统。该系统由DZD-6A多功能直流电法仪和多路电极转换器组成,具有体积小、功耗低、操作方式灵活、测量参数多、资料解释方便等特点,主要技术指标如表2-16所示。

表2-16 DUK-2A高密度电阻率法测量系统指标

DZD-6A多功能直流电法仪	
接收部分: 测量电压范围:±6 V 测量电压精度:当$V_p \geqslant 5$ mV 时,±1%±1个字;当0.1 mV$\leqslant V_p \leqslant$5 mV 时,±2%±1个字 视极化率测量精度:±1%±1个字 电流测量范围:0~5000 mA 测量电流精度:当$I_p \geqslant 5$ mA 时,±1%±1个字;当0.1 mA$\leqslant I_p \leqslant$5 mA 时,±2%±1个字 对50 Hz工频干扰压制优于80 dB S_p补偿范围:±1 V 输入阻抗:≥50 MΩ	发射部分: 最大供电电压:900 V 最大供电电流:5 A 最大输出功率:4500 W 供电脉冲宽度:1~59 s,占空比为1∶1 过流保护:过流保护电路,5 A熔断保险管 其他: 工作温度:-10 ℃~+50 ℃,95%RH 储存温度:-20 ℃~+60 ℃ 电源:DC 12 V(8节1号电池) 最大功耗(功率):小于0.9 W(待机状态) 质量:8 kg(包括电池) 体积:305 mm×200 mm×202 mm
多路电极转换器	
转换电极总数:60路 极距间隔系数n:可设定最小隔离系数(MIN)以及最大隔离系数(MAX) 最大电流:2 A 触点导通电阻:<0.1 Ω	承受电压:500 VDC 绝缘性能:500 MΩ 整机工作温度:-10 ℃~+50 ℃ 整机工作湿度:95% 整机功耗:50 mA(待机状态)

3. 数据处理及解释方法

数据处理采用专业软件,处理流程如下:原始数据格式转换→数据预处理(突变点剔除和平滑,如地势不平坦,则进行地形改正)→进行反演解释→输出图像(先对反演图像网格化再成图)。

应将高密度电阻率法反演结果与地质资料结合进行成果解释。根据反演的地电断面图,结合已知地质资料,对实测剖面进行解释,划分断层、地层界线、石煤等地质要素,并作高密度电阻率法解释的地质剖面图。

(二)质量评述

为了保证野外施工的质量,提高高密度电阻率法记录的效果,野外施工中按如下要求进行施工:

(1)野外工作前对使用的仪器进行了全面的检查和调试,确保仪器符合野外工作要求。

(2)高密度电阻率法原始记录的质量评定按照《煤炭电法勘探规范》(MT/T 898—2000)、《电阻率剖面法技术规程》(DZ/T 0073—93)、《电阻率测深法技术规程》(DZ/T 0072—93)有关规定执行;数据检测误差均小于5%。

(3)认真做好了试验工作,以得到最佳采集参数值。

(4)施工前组织施工人员、仪器操作员、测量人员等进行踏勘,对地形因素、区域地质情况做到心中有数,以便能及时准确地发现、解决施工中的问题。

(5)仪器操作员严格遵守《煤炭电法勘探规范》(MT/T 898—2000)、《电阻率剖面法技术规程》(DZ/T 0073—93)、《电阻率测深法技术规程》(DZ/T 0072—93)中的有关野外数据采集条款,认真采集数据,做好野外露头、地形、地物的记录。

(6)野外布极人员将电极按规定埋置在对应的测点上,必须保证电极与地面接触良好,如果接地电阻过大,可以在埋置电极处浇灌盐水,减小接地电阻。

(7)测量人员提前做好定点定线工作,并准确测量测点的高程。

(8)对野外原始资料,首先由操作员按有关规程进行自检,然后交技术负责人验收初评,最后由院总工程师验收。各级验收人员须对数据记录进行对照校核,无误后进行质量验收评级。

(9)原始资料按照管理规定妥善保管、存档。

高密度电阻率法工作严格按照《煤炭电法勘探规范》(MT/T 898—2000)执行。仪器施工采集前作了自检;采集数据过程中按照不小于5%系统检查点重复施测的要求,重复30道(点)进行覆盖采集。原始数据按照三级检查制度评价审核。获取的数据合格率达97.3%。

本次施工的高密度电阻率法勘探对地层、构造及浅部牛蹄塘组石煤层发育情况的解释效果较好,如高密度电阻率法测线G2、G3、G5、G8。

G2测线高密度电阻率法具体解释结果见图2-13。G2测线各地层电阻率特征较明显,结合周边地表地层出露情况,测线左部为一高阻地层,推断为敖溪组,测线中部为低阻地层,推断为牛蹄塘组,两地层之间缺失部分地层,因此其接触面为一断层,该断层位置与地表出露位置一致。牛蹄塘组上覆石牌组也含碳质页岩,且表现为低阻地层,因此它与牛蹄塘组的接触界面难以区分,只能根据地表出露情况推断。石牌组上覆地层清虚洞组多为灰岩、白云岩,电阻率较高,在测线右段反映为相对高阻地层,反映较清晰。断面图最左边石牌组中存在一高阻岩层,反映较明显,推断为断层所造成的结果。

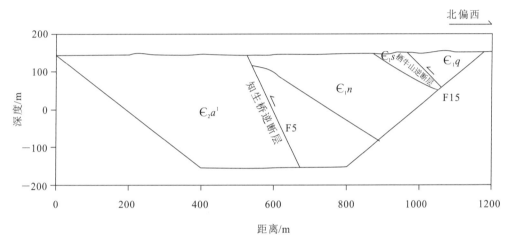

图 2-13 高密度电阻率法 G2 线解释图

G3 测线高密度电阻率法解释结果见图 2-14。G3 测线剖面地层复杂,结合地层出露情况,测线中部有一明显的上凸形状地层,推断为一背斜,这与地质填图结果一致。背斜两端及上部电阻率较低,平均为 100 Ω·m 左右,下部电阻率稍高,推断上部为牛蹄塘组,下部为震旦系。测线右端电阻率较高,与牛蹄塘组界面清晰,推测为石牌组。根据地层出露情况,测线左端为清虚洞组,且与牛蹄塘组直接接触,界面为一高低阻突变界面,推断为断层。

G5 测线高密度电阻率法解释结果见图 2-15。从图中可以看出,测线地表电阻率变化不明显,只能根据地表地层出露情况来大致确定地层的分界线。右中部电阻率较低,推断为牛蹄塘组,该地层中存在一些不连续的较高阻地层,推断可能为含绢云母页岩或粉砂绢云母页岩,左部电阻率相对较高,推测为五龙组。最右侧地层电阻率较高,与牛蹄塘组界面较清晰,推测最右部为老堡组。与野外地质填图对比,本剖面比地质填图的复杂,可能是受局部小构造影响引起的,但是整体走向趋势基本一致,这也为地质填图提供了更详细的资料。

G8 测线高密度电阻率法具体解释结果见图 2-16。G8 测线各地层电阻率特征较明显,从图中可以看出,该断面电阻率变化明显,地层边界较清晰,根据地层出露情况及电阻率变化情况,该剖面地层从上至下依次为清虚洞组、石牌组、牛蹄塘组。在测线 950 m 处,电阻率左右变化明显,出现极高—极低形态,推测为一断层,这与地表出露情况一致,由于受断层影

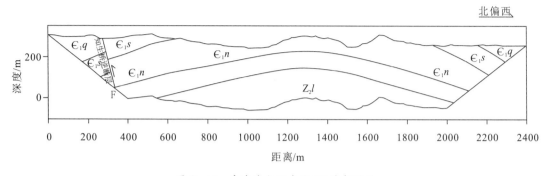

图 2-14　高密度电阻率法 G3 线解释图

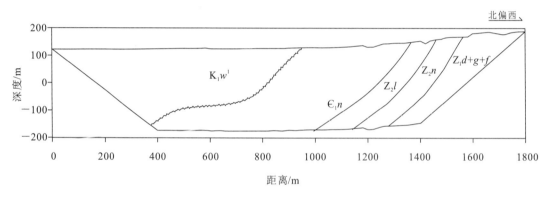

图 2-15　高密度电阻率法 G5 线解释图

响,出现两套一样的地层。本剖面牛蹄塘组在电阻率等值线图上反映明显,为低阻地层,一般电阻率值为 50 Ω·m,推测该剖面牛蹄塘组含碳量高。

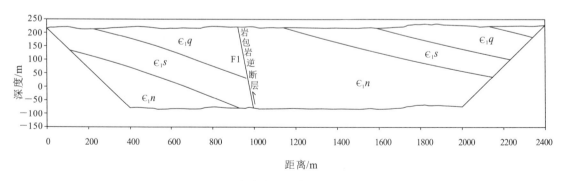

图 2-16　高密度电阻率法 G8 线解释图

六、采样与测试

(一)工作完成情况

为了研究岩石物质组成、结构及构造,指导野外岩石定名,2014 年度设计在两河口-观音寺重点调查区采集 80 块岩矿鉴定样。为了解目的层段石煤及伴生矿产的类型、品位及品位变化特征,设计在实测剖面上和探槽中,按照一个样品代表石煤层真厚度 3 m 的间距,采用专用采样机刻槽(图 2-17)采取石煤样品 400 块。刻槽样断面规格 10 cm×5 cm,采样时认真清扫采样点的岩石表面,选择光滑易清扫的垫布,避免样品飞溅或样外物质的混入。

图 2-17 石煤样品现场刻槽取样照片

为了研究岩石物质组成、结构及构造,指导野外岩石定名,设计在楠木铺-松溪铺重点调查区采集 20 块岩矿鉴定样。为了解目的层段石煤及伴生矿产的类型、品位及品位变化特征,设计在实测剖面上和探槽中,按照一个样品代表石煤层真厚度 3 m 的间距,采用刻槽法采取石煤样品 122 块。

石煤样的测试项目包括光谱半定量分析、化学样分析、石煤煤质分析和石煤灰质成分分析等(表 2-17、表 2-18)。根据《湖南省石煤资源综合考察报告》,光谱分析主要作 Cd、Ti、Mo、P、Ni 等元素的分析。根据《湖南省桃源县王家坪调查区钒矿详查报告》及《湖南省会同县鲁冲~铁溪调查区土洞井田石煤勘探报告》,化学样分析只作 V_2O_5 质量分数的测定。组合分析是对石煤中 Cd、Ni、Mo、Ti、Y 元素含量进行测定。

(二)质量评述

岩矿鉴定样品采用敲块法,取新鲜基岩敲块制成薄片,主要研究岩石和矿物的结构、构造、矿物成分及其共生组合,岩石矿物的变质、蚀变现象,确定岩石、矿物的名称。样品规格一般为 3 cm×6 cm×9 cm,并现场标记、编号,做好样品描述,样品编号为探槽号(剖面号、

表 2-17 两河口-观音寺重点调查区样品分析测试统计表

测试项目		计量单位	样品数量/块
光谱半定量分析		%	400
化学样分析(V_2O_5)		%	400
组合分析(TiO_2、Mo、Cd、Y 等)		%	200
石煤煤质分析	高位发热量	MJ/kg	400
	低位发热量	MJ/kg	400
	水分	%	400
	灰分	%	400
	挥发分	%	400
	全硫	%	400
	碳	%	12
	氢	%	12
	视密度	g/cm³	12
	变形温度	℃	200
	流动温度	℃	200
	软化温度	℃	200
石煤灰质成分分析	SiO_2	%	200
	Fe_2O_3	%	200
	Al_2O_3	%	200
	TiO_2	%	200
	CaO	%	200
	MgO	%	200
	SO_3	%	200
	K_2O	%	200
	Na_2O	%	200
岩矿鉴定样			80

点号)+采样序号,采样顺序为从老地层到新地层。两河口-观音寺重点调查区已完成 80 块岩矿鉴定样和 400 块石煤样的采集,覆盖调查区各组岩性,满足项目设计要求。楠木铺-松溪铺重点调查区已完成 20 块岩矿鉴定样及 122 块石煤样的采集,覆盖调查区各组岩性,其中牛蹄塘组采集 12 块,突出重点,满足本次项目设计要求。

表 2-18 楠木铺-松溪铺重点调查区样品分析测试统计表

测试项目		计量单位	样品数量/块
光谱半定量分析		%	122
化学样分析(V_2O_5)		%	122
组合分析(TiO_2、Mo、Cd、Y 等)		%	61
石煤煤质分析	高位发热量	MJ/kg	122
	低位发热量	MJ/kg	122
	水分	%	122
	灰分	%	122
	挥发分	%	122
	全硫	%	122
	碳	%	3
	氢	%	3
	视密度	g/cm^3	3
	变形温度	℃	61
	流动温度	℃	61
	软化温度	℃	61
石煤灰质成分分析	SiO_2	%	61
	Fe_2O_3	%	61
	Al_2O_3	%	61
	TiO_2	%	61
	CaO	%	61
	MgO	%	61
	SO_3	%	61
	K_2O	%	61
	Na_2O	%	61
岩矿鉴定样			20

所有样品送具有相应资质的单位(贵州省地质矿产勘查开发局黔东地矿测试中心,通过省级或国家计量认证)进行测试,工作方法和质量要求按有关规范执行,对样品分析结果进行了内、外检,内检合格率达100%,外检合格率达100%,化验测试及鉴定结果可靠,符合规范精度要求。

综上所述,采样测试工作符合规范精度要求。

七、地质编录和资料综合整理

各类探矿工程原始地质编录,严格按中国地质调查局《固体矿产勘查原始地质编录规程》(DD 2006-01)执行,该标准中没有的按原煤炭工业部行业标准执行。必须严肃认真、取全取准地质资料,做到"三及时"(及时编录、及时整理、及时指导施工)和"四统一"(统一方法和要求、统一使用图例和图表格式、统一岩石分类和名称、统一描述顺序)。

(一)地质编录

1. 实测地质剖面编录

实测地质剖面编录采用统一的标准表格记录,开工前首先准备好必要的工具,包括GPS、罗盘、锤子、放大镜、盐酸、采样袋等。开工后将人员进行分工,分层一人,记录一人,前测手与后测手各一人,产状测量、照相与采样各一人。

实测地质剖面图采用投影法编制,由导线平面图和地质剖面图组成。导线平面图内容包括导线、导线方位及导线点编号、分层界线及编号、构造位置及产状、岩层产状及位置、岩浆岩类型及边界等。地质剖面图内容包括剖面方位、地形及高程、导线点编号、岩性及分层及编号、构造位置及产状、岩层产状及位置、岩浆岩类型及边界、采样位置及编号、地层时代及接触关系。

依据实测地质剖面取得的岩性分层、厚度及上下关系,建立地层层序,绘制实测地质剖面地层柱状图。实测地质剖面地层柱状图内容包括地层时代、地层名称及符号、接触关系、分层变厚、岩层总厚度、分层厚度、岩性柱状(投影柱状)图、岩性描述(影像特征)、采样位置等。

2. 地质观察点编录

在野外,用统一表格对地质观察点进行观察记录,内容包括:观察点性质;分界点的岩性特征及分界标志;地貌及其他地质现象;路线地质;岩层产状,样品采集记录;填图人员、日期、检查人、日期等。主要地质记录应作素描或照相、摄像。

现场记录文字及绘图使用2H绘图铅笔,对铅笔记录部分,整理时用防水墨水将图线及重要数据着墨。在野外现场用手工方式进行原始地质编录,先作野外手图,手图上通常简化某些要素,用临时代号、简单注记等代替,待工作告一段落,修订界线及制图要素后,在整理时再按要求转绘成清图,清图作为原始资料保存。

3. 探槽编录

槽探是本书调查工作的手段之一。每完工一条探槽及时到现场描绘,首先定好探槽的基准线,量好方位与坡度,东西向探槽一般描绘北帮和底帮,南北向探槽一般描述东帮和底帮,按规范要求分层,对石煤层与标志层、地质界线点、构造点正确描绘、详细记录。回到室内及时整理资料,文图成册,比例为1:100与1:200,做到及时落图。

4. 采样编录

标本、样品都必须进行原始地质编录,记录该标本、样品的编号、采集地点、采样坐标、高程、地层及产状、目的和采样方法、规格、质量、处理方法、采集人和日期等。还要收集整理标本、样品的鉴定、测试成果，修正、补充野外现场的肉眼观察记录，有时用大比例尺素描图或照片等手段记录。

(二)资料综合整理

本次整个工作进程中，做到了边勘查施工、边整理资料、边综合研究，及时编制了必要的综合图表，做到了及时发现问题、解决问题，及时指导勘查评价工作。严格检查原始地质编录资料，规定统一图表格式及图例，资料有专人保管。具体工作内容有以下几个方面。

(1)各种工程登记：采样及化验分析、鉴定资料的登记和整理，收到结果及时核对并记入有关图表。

(2)地质资料的整理：包括检查、完善、整理野外记录和核校原始图件，整理分析实测剖面、路线剖面、素描图、地质图和野外图件的着墨，进行必要的小结，根据各项实际资料编制地质图、实际材料图。

(3)资源量估算图的绘制：全面核实各类地质手段相关原始资料，并将各数据结果统计到储量图中，根据各项原始资料数据、勘查线地质剖面图、煤层底板等高线等，编制石煤资源量估算图。

(4)进行湖南省石煤资源伴生矿产分析与研究。

(5)按要求及时编写月、季、年报，并按时于每月 3 日前上报。

(6)在工作过程中，对各类原始资料进行综合分析、研究、整理，发现问题，根据地质情况变化，及时提出调整工作量意见，并报项目管理部批准备案。

第三章　区域地质背景

第一节　区域地层

湖南省地层发育较齐全,从中元古界至新生界均有分布。湖南省地层主要缺失地层有上志留统、上侏罗统及新近系。

一、中元古界冷家溪群

中元古界冷家溪群为一套以浅灰—浅灰绿色浅变质细碎屑岩、泥质岩及含凝灰质细碎屑岩为主的复理石建造。底部夹较多的白云岩、灰岩等钙质团块。顶部以砂岩为主,局部夹基性、少量中酸性火山熔岩。

二、新元古界

(一)板溪群

板溪群由一套厚度较大的碎屑岩、泥质岩、凝灰质岩夹少量碳酸盐岩、碳质板岩、熔岩组成,普遍浅变质。从下到上分为马底驿组和五强溪组。与下伏冷家溪群自北而南由角度不整合变为假整合及整合接触。

(二)震旦系

震旦系分布广泛,发育齐全。下震旦统以冰碛岩为主。上震旦统以硅质岩和碳酸盐岩为主,夹石煤层。与下伏地层呈假整合接触。

三、下古生界

(一)寒武系

寒武系分布广泛,与下伏地层连续沉积。下寒武统主要由灰岩、泥灰岩、粉砂岩、碳质页岩及硅质岩组成,底部含石煤层。中寒武统以白云岩、泥质灰岩,鲕粒状、竹叶状灰岩、碳质页岩为主。上寒武统以白云岩、白云质灰岩为主。

(二)奥陶系

奥陶系发育较完整,广泛分布于全省各地,与下伏地层整合接触。下奥陶统在湘西北区主要以白云岩、白云质灰岩、泥灰岩、生物碎屑灰岩为主,湘中以页岩、粉砂质页岩为主。中奥陶统在湘西北以灰岩、泥质灰岩、页岩为主,湘南以硅质岩夹碳质板岩为主。上奥陶统在湘西北及湘中以页岩、硅质页岩、细粒石英砂岩及板岩为主,湘南以细粒石英砂岩及板岩为主。

(三)志留系

志留系主要分布于湘西北区和湘中的安化、洞口一带。上志留统缺失,中、下志留统厚度较大,与下伏地层呈整合或假整合接触。在湘西北区下志留统以笔石页岩、灰岩、泥灰岩为主;中志留统出露不全,以粉砂质页岩、泥质粉砂岩为主。湘中—湘南区中志留统缺失;下志留统以变质的泥砂复理沉积为主。

四、上古生界

(一)泥盆系

中、上泥盆统分布广泛,发育较好,下泥盆统仅局部可见。本系厚度变化大。与下伏地层呈不整合或假整合接触。下泥盆统以石英砂岩、粉砂岩、含砾砂岩为主,分布于江永、江华、道县等地。中泥盆统以石英砂岩、粉砂岩、粉砂质页岩、泥质灰岩、灰岩为主。湘西北仅保留中泥盆统上部。上泥盆统主要以白云岩、灰岩、泥灰岩为主,局部夹砂岩、粉砂岩。

(二)石炭系

本系地层发育最全。与下伏地层呈整合或假整合接触。下石炭统自下而上为邵东组、孟公坳组、刘家塘组、石磴子组、测水组、梓门桥组。中石炭统发育为黄龙组。上石炭统为船山组。在湘西北地区普遍缺失部分地层。

(三)二叠系

二叠系分布广泛。与下伏地层整合接触。下二叠统划分为栖霞组、茅口组(当冲组)。上二叠统下部为龙潭组。上二叠统上部为长兴组、大隆组。

五、中生界

(一)三叠系

本系地层发育不全,中、下三叠统仅湘南出露较广,其余各地零星出露,与下伏地层为整合接触。上三叠统仅祁阳观音滩和怀化花桥一带出露较广。中、下三叠统与上三叠统呈假整合接触。下三叠统下部以泥灰岩、灰岩、砂岩及页岩为主,称大冶组;上部以白云质灰岩、砂岩、砂质页岩为主,称嘉陵江组。中三叠统以砂岩、粉砂岩、泥灰岩、灰岩为主,称巴东组。上三叠统为含煤地层。

(二)侏罗系

下、中侏罗统由砂砾岩、砂岩、泥岩和碳质泥岩夹煤线或薄石煤层组成,缺失上侏罗统。下侏罗统局部地区发育一套陆相含煤地层,称唐垅组,石煤层薄而不稳定,与下伏地层呈整合或不整合接触。

(三)白垩系

白垩系分布较广,为陆相沉积。下白垩统主要为滨湖、浅湖相砂泥岩,次为山麓相砾岩、砂岩。上白垩统岩相复杂,有山麓相砾岩、砂岩,滨湖三角洲相砂砾岩、砂岩、砂泥岩。产瓣鳃类、介形虫、轮藻、植物及孢粉化石。与下伏地层呈不整合接触。

六、新生界

(一)古近系

古近系主要分布于衡阳盆地,其他地区均为零星分布。下部古新统主要为淡水浅湖相砂泥岩及盐湖相岩盐,局部为碳酸盐岩及油页岩。中部始新统主要为浅湖相泥岩,局部夹泥膏岩。上部渐新统为河流相砾岩、砂岩。与下伏地层呈不整合接触。

(二)第四系

沉积物均为松散的砂砾层及杂色黏土层,局部赋存有多种砂矿或泥炭层,常以水平层理或山坡堆积覆盖于老地层之上,主要为河流冲积层、湖泊沉积物及河湖混合沉积物。在山区以残积物、坡积物及残积-坡积物的堆积出现,局部见冲积-洪积物。与下伏地层呈不整合接触。

第二节 区域构造

一、大地构造位置

湖南省位于羌塘-扬子-华南陆块(一级构造单元)中段,地跨扬子陆块和华夏陆块两个二级构造单元——两个板块汇聚的过渡带。湘西北区处于扬子陆块东南缘的江南地层分区,湘东南区属于华夏陆块加里东褶皱带的湘桂赣地层分区,湘中区则位于两大陆块的过渡区,属湘中地层分区,其间为一明显带状分布的构造过渡带——江南古陆的中段,亦称"江南造山带"。扬子陆块经四堡、武陵等多期运动之后即在中元古代形成基底,震旦纪—中三叠世形成海相稳定台地,经印支运动全区抬起,地块四周成为造山带,内部形成不同类型的前陆盆地和前陆隆起,后经中燕山期的强烈挤压改造运动的破坏及晚白垩世—始新世拉张形成断陷盆地。华夏陆块基底形成于新太古代至中元古代,新元古代早期的武陵运动时期(相当于四堡运动),扬子陆块与华夏陆块相互碰撞,同时造成板溪群与下伏冷家溪群的普遍不整合接触,青白口纪沉积构造环境变化复杂,形成槽、块相间的构造格局,强烈的加里东运动形成了华南褶皱造山带及多处不整合接触,加里东运动后华夏陆块与扬子陆块拼合形成统一的华南陆块。

湖南省受三大板块挤压应力的共同作用,其构造面貌异常复杂。地史时期构造格局的形成与演化只能借助于多学科、多方法、多手段进行重建。扬子地台和华南加里东褶皱带同属于华南古板块,二者之间的界线大体以益阳-安化-溆浦-黔阳断裂带为界,此断裂为省内的一级断裂。桑石断坳与江南断隆同属扬子地台,为扬子地台的东南边缘,二者之间界线大体为临湘-慈利-大庸-古丈断裂带;华南加里东褶皱带的长邵断坳、攸兰断坳和资汝断隆3个构造单元分别以长寿街-双牌断裂带和茶陵-临武断裂带为边界。以上为省内的二级断裂。仅次于二级断裂的还有常德-益阳断裂及汨罗-新宁断裂等。据此,综合分析湖南地壳深部地球物理特征以及地层、沉积、岩浆活动、变质作用等方面的资料,将构造单元作如表3-1所示的划分。湖南省共有5个三级构造单元,各构造单元均有石煤地层分布,但构造形迹不一。

表3-1 湖南构造单元划分表

一级单元	华南古板块				
二级单元	华南加里东褶皱带			扬子地台	
三级单元	长邵断坳	攸兰断坳	资汝断隆	桑石断坳	江南断隆

(一)桑石断坳

桑石断坳由次级向、背斜组成,主要含石煤地层仅在背斜核部及向斜两翼的龙山茨菇塘、石门东山峰、临湘出露。地层走向自西向东,由北北东向或北东向折转为近东西向。次级褶皱发育,并伴随有较多的走向断裂。其他地区被上古生界到中生界覆盖。

(二)江南断隆

自雪峰山运动以后江南断隆为一叠隆起,由幕山隆起、洞庭凹陷、冷家溪隆起、洪江隆起、新晃隆起、黔溆鞍部构造、沅麻构造盆地、古丈隆起组成,除沅麻构造盆地、洞庭凹陷被中、新生代地层掩盖外,其他地区出露前震旦系及震旦系。主要含石煤地层,仅在两翼或倾伏处保留比较完整。黔溆鞍部构造含石煤地层主要沿次级向、背斜不连续出露。地层走向为北东向或北北东向,褶皱和断层较发育,对石煤有一定破坏作用。

(三)长邵断坳

长邵断坳由雪峰山加里东褶皱带、临湘复向斜、幕山隆起、韶山坳陷、沩山隆起、涟源坳陷、龙山串珠状隆起、邵阳坳陷、关帝庙串珠状隆起、祁零凹陷组成。

雪峰山加里东褶皱带中的背斜核部和西翼,含石煤地层遭受剥蚀,出露前震旦系和震旦系,仅在东部一带断续出露含石煤地层。地层走向在南部为北北东向或北东向,新化一带呈北东向或北东东向,至安化一带转为近东西向。褶皱发育。断层以走向、斜交断层为主。

其他地方主要受加里东、印支运动的影响,自北而南坳陷和隆起相间呈向西突出的弧形排列。主要含石煤地层仅出露于隆起区,凹陷区均被上古生界、中生界覆盖。地层走向各地不一,一般为北北东向或近东西向。次生褶皱发育,伴生有较多断层,对石煤层的连续性有一定破坏。

(四)攸兰断坳

攸兰断坳从北到南主要由湘东燕山-喜马拉雅块断带(株衡断块、茶陵断块)、衡阳盆地、郴耒凹陷、九山隆起、宁远坳陷、明阳山隆起组成。

湘东燕山-喜马拉雅块断带由走向北东40°的断块形成的隆起和坳陷组成。在隆起的浏阳、衡山一带,出露前震旦系,其他地区被上古生界和中生界覆盖。仅在南端安仁大石林场出露含石煤地层,地层走向呈北东向,褶皱、断层发育。

其他地方与长邵断坳一样,自北而南坳陷和隆起相间呈向西突出的弧形排列。主要含石煤地层仅出露于隆起区,凹陷区均被上古生界、中生界覆盖。地层走向各地不一,一般为北北东向或近东西向。次生褶皱发育,伴生有较多断层,对石煤层的连续性有一定破坏。

(五)资汝断隆

资汝断隆由次级复式背斜组成,背斜核部主要含石煤地层大部分被剥蚀,出露震旦系。仅在汝城保留有零星的含石煤地层,局部地区被上古生界和中生界覆盖,地层走向一般为北西向或近东西向。褶皱、断层较发育。

二、区域构造演化特征

华南大地构造及其演化历史是当前国内外地学界关注的课题之一。组成华南板块的扬子、华夏古陆块由于规模较小,固结程度偏低,活动性较大,以及经历多期次裂解、造山作用和岩浆活动,构成了华南地质发展的显著特色(表3-2)。

(一)中元古代武陵运动

武陵运动是湖南省最早的一次地壳运动。武陵运动以造山为主,大致沿着武陵复背斜的东南侧和雪峰复背斜、安化复背斜北西侧出现。武陵运动之后,湖南省大地构造性质发生较大的变化:湘西北由活动区转化为稳定区,湘南仍保持活动区的性质,湘西及湘中则为过渡区。

表 3-2 湖南省构造演化阶段划分表

地质时代			构造事件		地层接触关系				岩浆活动	构造事件年龄/Ma
代	纪	世	构造演化阶段	名称	分区	性质	分区	性质		
新生代	第四纪	全新世	陆内碰撞	喜马拉雅运动(晚)(台湾运动)	湘资沅澧流域	Qh/Qp	洞庭湖区	Qh/Qp	喜马拉雅期有基性岩浆活动	2.6
		更新世								
	新近纪	中新世		喜马拉雅运动(早)	湘北区	N_1l	湘东南区			23.5
	古近纪	始新世	伸展裂解			E_2	湘北南	E_2		52
		古新世				E_1		E_1		
中生代	白垩纪	晚世	陆内碰撞	宁镇运动 阳路口上升	湘西北区	K_2		K_2	燕山期,特别燕山早期中酸性岩浆活动特别强烈,基性岩浆活动较强烈,主要出露于湘东湘南区	137
		早世				K_1		K_1		
	侏罗纪	中世	伸展裂解			J_2	湘东南区	J_2		205
		早世				J_1		J_1	印支期中酸性岩浆活动强烈,部分基性岩浆活动有所显示,前者出露位置同加里东期基本相同,后者呈散于东经111°30′以东地区	
	三叠纪	晚世	陆内碰撞	三都上升 三湾上升 安源运动 桂西运动	湘北区	T_3^2/T_3^1	湘西区	T_3^2/T_3^1		227
		中世				T_2		T_2	邵浏小区 T_1 郴桂小区 T_1d	
		早世				T_1		T_1		241
晚古生代	二叠纪	晚世	汇聚	东吴上升 黔桂上升	武陵小区	P_3	雪峰小区 P_2	新浏小区 P_3	邵耒小区 P_3	局部火山喷发	257
		中世				P_2	P_2			277
		早世				P_1	P_1	湘中湘南区	P_1		
	石炭纪	晚世		淮南上升		C_2	湘西南-东北区 C_2		C_2		320
		早世	裂解伸展	柳江上升	湘西北区	C_1^2	C_1^2		C_1^2		354
						C_1^1	C_1^1		C_1^1		
	泥盆纪	晚世				D_3		D_3		386
		中世	碰撞后			D_2		D_2		
		早世	碰撞	加里东运动				D_1	加里东晚期中酸性岩浆活动强烈,主要出露于雪峰-南岳弧形隆起内侧及湘东南区	410
早古生代	志留纪	晚世			湘北区	S_2	临湘小区			
		中世	汇聚	宜昌上升		S_1	S_1	S_1		438
		早世				O_3		O_3		
	奥陶纪	晚世				O_2		O_2		
		中世			湘西北区	O_1	湘中区	O_1		
		早世				ϵ_3		ϵ_3	有中性岩浆活动及火山喷发	
	寒武纪	晚世				ϵ_2		ϵ_2		513
		中世				ϵ_1		ϵ_1		
		早世								
新元古代	震旦纪		裂解		湘北区	Z	中区	Z	南区 Z	武陵期基性岩浆活动较强,酸性岩浆活动较弱,主要出露于湘东北区。另有海相陆相火山喷发	680
	南华纪					Nh		Nh	Nh	800
			离散 碰撞后	雪峰运动		Pt_3^2/Pt_3^1		Pt_3^2/Pt_3^1	Pt_3^2 未出露		1000
中元古代			碰撞	武陵运动		Pt_2					1800
古元古代				北华旋回							2500

(二)新元古代雪峰运动

雪峰运动是一场不均衡的地壳运动,总趋势是继承武陵运动北西强、南东弱的特点。但除湘南继续保持活动区性质外,湘西、湘中已基本上转化为稳定区。该运动造成了古地势反差很大,为冰川的形成、早震旦世的沉积相和岩相变异创造了有利条件。

(三)早古生代加里东期地壳运动

加里东期地壳运动可分为两幕:宜昌上升,发生于晚奥陶世末期,属以上升为主的造陆运动,波及甚广;加里东运动为湖南省内古生代最强烈的造山运动,波及全境,影响深远。加里东运动结束后,湖南省晚古生代地壳运动进入了相对宁静的时期,主要表现在以造陆为主的振荡运动。它以褶皱幅度、断裂规模小,岩浆活动、变质作用微弱为特色。

(四)晚古生代海西期地壳运动

海西期地壳运动,按其表现形式、特点可分为三幕,即柳江上升、淮南上升、黔桂上升和东吴上升。柳江上升发生在晚泥盆世末期。淮南上升发生于早石炭世末。据岩相古地理资料,黄龙期为更广泛的海侵过程,雪峰复背斜等大部没入万顷汪洋之中,致使黄龙组呈栉比超覆现象。东吴上升发生在早二叠世末期,是一场缓波式上升运动。这场上升运动造成了以雪峰复背斜带和湘中东西向穿断带为主体的向北西突出的弧形以及弧形中段东侧呈东西向展布的轮廓,为晚二叠世含煤建造的形成奠定了基础。

(五)印支期地壳运动

印支期地壳运动自早三叠世末期伊始,至晚三叠世晚期告终。它在地史发展上是一重要转折。本期地壳运动在武陵山区属升降运动,表现为上三叠统鹰嘴山组(或小江口组)与下伏地层呈假整合接触,岩浆活动微弱;在雪峰山、湘中南区为褶皱运动,表现为上三叠统紫家冲组或三丘田组与下伏地层呈不整合接触关系,并伴有较强烈的岩浆活动,此后基本上结束了海相沉积的历史。

(六)燕山期地壳运动

燕山期地壳运动是湖南省规模最大的一次地壳运动,广泛强烈,使全境褶皱隆起,并伴有强烈的多期次的岩浆活动、火山喷发、内生金属矿床的成矿作用等。早期以隆起、凹陷及大型断裂为其特点,晚期则以大型断裂活动为主,并控制了湖南省内混合岩化的生成和展布规律。武陵山区以褶皱运动为主,雪峰山区及湘中南区则以强烈的断裂和岩浆活动为特征。

第三节 区域岩浆活动

湖南省不同时期的岩浆岩出露比较广泛。其中主要出露在湘东北、湘中、湘南一带,其分 5 期 10 个亚期。全省共有主要侵入体 248 个及各类岩脉 336 群,出露面积 20 348 km^2。

岩浆岩种类复杂,从酸性、中性、基性到超基性均有出露,其中以酸性岩类为主,约占侵入岩体总面积的93%。

各期岩浆岩,在空间上具有成群成带的展布特征,在时间上具有多期多次性的特征。由于工作程度低,岩浆活动对石煤的影响尚难作出评价。已有资料表明,靠近岩浆岩侵入地带,石煤的变质有所加深。例如安化县楠木洞靠近沩山岩体的石煤有"石墨化"现象,同时其围岩亦有轻微变质。

第四章 调查区地质

第一节 地 层

一、两河口-观音寺重点调查区

本书的调查工作采用岩石地层单位(图4-1)对调查区沉积岩及浅变质岩进行地质填图,进行了较详实的区域岩石对比研究及岩性组段岩相变化规律分析。查明了区内地层岩性、层序、时代、接触关系等特征,建立了调查区系统的地层层序;对地层划分标准进行了较好的识别,根据相关规范与设计要求进行了地层划分,共划分组段级单元18个,由老至新列述如下。

(一)板溪群(Pt_3)

五强溪组(Pt_3wq):岩性为一套颜色均为紫红色的厚层状石英砂岩、长石石英砂岩,其粒度总体以粗—中粒为主夹有细粒,砂岩为变余砂状结构,常可见斜层理构造,厚约588.10 m。

多益塘组下段(Pt_3d^1):岩性下部为灰绿色薄层—中厚层状凝灰岩,中上部为灰绿色中厚层含晶屑、玻屑凝灰岩,厚约203.98 m,以底部含粉砂质凝灰岩与下伏五强溪组整合接触。

多益塘组上段(Pt_3d^2):岩性下部为深灰色粉砂质板岩,上部为一套灰绿色粉砂质硅质岩,厚约299.28 m,以底部粉砂质板岩与下伏多益塘组下段整合接触。

(二)震旦系

1. 下震旦统(Z_1)

大塘坡组-古城组-富禄组(Z_1d+g+f):岩性下部为黄绿色厚层—巨厚层状中粗粒长石石英砂岩、杂砂岩,上部为黄绿色板状页岩,厚24.07～66.15 m,以底部长石石英砂岩与下伏多益塘组上段整合接触。

南沱组(Z_1n):岩性为暗灰色、灰绿色块状含砾砂岩、含砾泥岩,厚83.61～241.31 m,以底部含砾砂岩与下伏大唐坡组-古城组-富禄组整合接触。

第四章 调查区地质

界	系	统	群	组	段	代号	厚度/m	岩性描述
中生界	白垩系	下统		五龙组	下段	K_1w^1	145.03	下部为一套灰色或灰绿色厚层—巨厚层状砾岩,上部砾岩夹厚层状砂砾岩、含砾粗砂岩及紫红色中薄层状含砾泥岩。其砾岩、砂砾岩之砾石大部为磨圆度较好的石英砾、石英砂岩砾,无分选性
古生界	寒武系	上统	娄山关群	车夫组	上段	ϵ_3c^3	516.04	主要为一套灰色中薄层条带状泥质灰岩。条带大致顺层呈舒缓波状,部分条带由细密纹层构成。间夹的灰岩层多呈藕节状、香肠状、长扁豆状、似瘤状。下部多夹有弱硅化灰岩及泥云质灰岩层状亮晶中内碎屑及粉屑、砂质灰岩层,岩石风化面多呈癞痢状、蠕虫状、花斑状等较粗糙的溶蚀表面,为识别标志。顶部时见一层1~3m厚的厚层状同生角砾质灰岩或云岩层
					中段	ϵ_3c^2	178.06~178.75	为一套深灰色、灰黑色中薄层—中厚层含云质(含泥质)硅质条带泥晶灰岩,条带断续状分布,部分硅质呈豆粒状、团块状分布,呈特征标志。中下部尚分布有内碎屑条带。中上部和顶部时见竹叶状灰岩夹层
					下段	ϵ_3c^1	191.35~245.45	为一套深灰色中厚层纹层条带状瘤状灰岩、泥质灰岩,下部夹碳质页岩与少量云质灰岩,上部夹钙质页岩。顶部局部地段见一层厚层状的同生角砾状竹叶状灰岩
		中统		敖溪组	上段	ϵ_2a^2	112.75~212.36	大致由三套岩性组成。下部为深灰色中厚层—中厚层状云质条带灰岩、云质灰岩夹粉细晶灰岩、碳质页岩,条带均由微云质微细纹层构成。此特征与下伏第一段分层标志清楚。中部为深灰色云质页岩夹含碳云质页岩。上部为深灰色泥质云岩、泥晶灰岩夹云质页岩
					下段	ϵ_2a^1	134.12~171.99	下部为一套深灰色黑色碳质页岩、云质页岩、钙云质页岩等,夹少量硅质页岩,水平纹层构造普遍发育,星点状黄铁矿多见。上部为深灰色中厚层泥质灰岩夹泥质灰岩、碳质页岩
		下统		清虚洞组		ϵ_1q	59.42~94.87	下部为灰色—深灰色中薄层厚层状泥质粉晶灰岩,具云质泥质细纹层组成的微波状条带,一夹一层约2m水平层理发育的黑色页岩及厚1m左右的微细纹层发育的钙质岩。上部为一套厚层状水平微纹层发育的灰岩云质灰岩夹云质页岩、中薄层水平纹层发育的灰岩云质页岩,顶部灰质云岩层,普遍见数毫米至20余厘米不等的硅质团块
				石牌组		ϵ_1s	51.30~57.27	大致由两套岩性组成。下部为一套黑色钙质绢云母页岩夹碳质页岩,上部为一套青灰色钙质页岩夹少量灰质云岩和灰质透镜体。微细纹层构造下部较上部发育
				牛蹄塘组		ϵ_1n	215.42~263.14	为一套黑色碳质页岩、碳质泥岩,部分为绢云母页岩、含粉砂绢云母页岩,水平层理发育,细小星点状黄铁矿多见,产海绵骨针。下部黑色页岩中夹黑色薄板状含碳质硅质板岩及含碳质硅质泥岩、石煤层与少量磷、锰质结核、眼球状磷结核等
新元古界	震旦系	上统		老堡组		Z_2l	95.97~98.63	本组岩性纵向上可划分较稳定的三部分。下部深灰色中厚层状硅质岩,部分地段底部硅质岩夹碳质板状页岩;中部为一套黑色碳质板状硅质岩页岩,呈硅质板状黑色页岩,含碳质页岩;上部为薄—中层状硅质岩,发育水平或舒缓波状条带,具铁锰质结核。顶部,局部地段厚2~3m的云岩质舌
				陡山沱组		Z_2ds	32.68~104.07	为一套以厚层云岩为主,夹碳质板状页岩、板状页岩的岩性组合。各区段岩性不尽相同。中上部含硅质条带、团块,顶底夹黑色碳质页岩
		下统		南沱组		Z_1n	83.61~241.31	该组岩为冰碛岩建造,由一套暗灰色、灰绿色块状含砾泥岩、砾泥岩组成,部分地段上部含砾砂岩
				大塘坡组		Z_1d	17.74~28.52	黄绿色绢云母板状页岩、暗灰绿色板状页岩、黄绿色板状页岩、硅质板岩
				古城组		Z_1g	1.47~3.82	岩性为一层暗灰色、灰绿色块状含砾砂岩,砾石成分复杂,以石英、砂岩为主,次为硅质岩、板岩等,圆—次圆状,无分选性
				富禄组		Z_1f	4.86~33.81	主要为一套黄绿色厚层—巨厚层状中粗粒长石石英砂岩、杂砂岩,普遍含石英质砾,磨圆度好。底部可见一层不很稳定的黄绿色含砾—粗粒石英杂砂岩,砾呈次圆状—次棱角状,成分主要为石英砂岩和板岩。顶部部分地段可见含砾杂砂岩,以次圆状为主
	青白口系		板溪群	多益塘组	上段	Pt_3d^2	299.28	下部为碎屑粒度较细的深灰色粉砂质板岩、中薄层状凝灰岩粉砂质板岩及中薄层状粉砂岩、细砂岩、粉砂质硅质板岩;中部为中厚层状粗粒长石砂岩;上部则总体为中厚层状粗粒长石砂岩粗砂岩与灰绿色中粗粒砂岩或粉砂质板岩互层的组合。岩石水平层理很发育
					下段	Pt_3d^1	203.98	为一套灰绿色或蓝绿色薄—中厚层状凝灰岩,中上部为灰绿色中厚层含晶屑、玻屑凝灰岩夹少量中细粒长石砂岩,厚达80余米。岩石普遍发育水平微细纹层构造和条带构造
				五强溪组		Pt_3wq	588.10	本组岩性较为单一,主要为一套颜色均为紫红色的厚层状长石英砂岩、长石石英砂岩,其粒度是总体以粗—中粒为主夹有细粒。另有少量粉砂岩和板岩,局部石英砂岩中含少量石英细砾。砂岩为变余砂状结构。常可见斜层理构造

图 4-1 两河口-观音寺重点调查区地层综合柱状图

2. 上震旦统(Z_2)

陡山沱组(Z_2ds):岩性为厚层状泥质白云岩,夹碳质板状页岩,中上部含硅质条带、团块,顶底夹黑色碳质页岩,厚32.68~104.07 m,以底部泥质白云岩与下伏南沱组呈平行不整合接触。

老堡组(Z_2l):岩性下部深灰色中层状硅质岩,上部为薄层—中层状硅质岩,发育水平或舒缓波状条带,厚95.97~98.63 m,底部硅质岩与下伏陡山沱组整合接触。

(三)寒武系

1. 下寒武统(ϵ_1)

牛蹄塘组(ϵ_1n):岩性为黑色碳质页岩、碳质泥岩,底部发育石煤层及少量磷、锰质结核,石煤层厚10.18~45.19 m,平均厚25.91 m,伴生有V_2O_5,局部富集成矿,品位0.34%~1.85%。该组厚215.42~263.14 m,以底部黑色碳质页岩与下伏老堡组整合接触。

石牌组(ϵ_1s):岩性下部为一套钙质绢云母页岩夹碳质页岩,上部为一套青灰色钙质页岩,厚51.30~57.27 m,以底部绢云母页岩与下伏牛蹄塘组整合接触。

清虚洞组(ϵ_1q):岩性下部为一套灰色中厚层状泥粉晶灰岩,上部为一套灰色厚层状白云岩、中薄层状粉晶灰岩,厚59.42~94.87 m,以底部粉晶灰岩与下伏石牌组整合接触。

2. 中寒武统(ϵ_2)

敖溪组下段(ϵ_2a^1):岩性下部为一套深灰色黑色碳质页岩、云质页岩、钙质云岩,上部为深灰色中厚层泥质云岩夹泥质灰岩、碳质页岩,厚134.12~171.99 m,以底部云质页岩与下伏清虚洞组整合接触。

敖溪组上段(ϵ_2a^2):岩性下部为深灰色中厚层状云质条带灰岩、云质灰岩,上部为深灰色泥质云岩、泥晶灰岩夹云质页岩,厚112.75~212.36 m,以底部云质条带灰岩与下伏敖溪组上段整合接触。

3. 上寒武统(ϵ_3)

车夫组下段(ϵ_3c^1):岩性为深灰色中厚层纹层条带状瘤状灰岩、泥质灰岩,下部夹碳质页岩及少量云质灰岩,上部夹钙质页岩,厚191.35~245.45 m,以底部条带状瘤状灰岩与下伏敖溪组上段整合接触。

车夫组中段(ϵ_3c^2):岩性为灰色中厚层含云质硅质条带泥晶灰岩,条带断续状分布,中下部尚分布有内碎屑条带,中上部时见竹叶状灰岩夹层,厚178.06~178.75 m,以底部藕节状泥晶灰岩与下伏车夫组下段整合接触。

车夫组上段(ϵ_3c^3):岩性为灰色中薄层条带状泥质灰岩,条带顺层呈舒缓波状,岩石风化面多呈粗糙的溶蚀表面,厚约516.04 m,以底部泥云质纹层状泥晶灰岩与下伏车夫组中段整合接触。

四、白垩系

下白垩统五龙组下段(K_1w^1):岩性为灰绿色厚层—巨厚层状砾岩、含砾粗砂岩及紫红色中薄层状含砾泥岩,厚度大于 145.03 m,以底部含砾粗砂岩与下伏多时代地层呈角度不整合接触。

二、楠木铺-松溪铺重点调查区

区内出露地层自下而上依次为新元古界板溪群、震旦系,古生界寒武系、石炭系、二叠系,中生界侏罗系、白垩系,新生界第四系,见图 4-2。

界	系	统	群、组、段	代号	厚度/m	岩性描述
新生界	第四系			Q	2~12	下部砂砾岩,上部砂泥层
中生界	白垩系			K	>700	紫红色厚—巨厚层长石石英砂岩、粉砂岩,粉砂质泥岩组成韵律
	侏罗系	下统	白田坝组	J_1b	43.1~105	底部厚层燧石砾岩,往上为石英砂岩,粉砂岩夹黑色泥岩和薄煤层
上古生界	二叠系	中统	栖霞组	P_2q	68~142	深灰色中厚层灰岩、泥质灰岩夹泥灰岩,产蜓类
		下统	梁山组	P_2l	1.8~104	灰色—灰白色薄—厚层石英砂岩、粉砂岩夹碳质页岩及煤层,产植物化石和腕足类
	石炭系	上统	马平组	CPm	455	灰色—浅灰色厚层灰岩,生物屑灰岩、白云岩,产蜓类等
			大埔组	C_2d	298	灰色—灰白色厚—巨厚层白云岩夹白云质灰岩、灰岩,产蜓类、珊瑚等
下古生界	寒武系	上统	探溪组	$\epsilon_3 t$	>113	灰色、灰黄色含碳泥质白云质灰岩、泥质灰岩、泥晶灰岩。顶部为深灰色薄层状条带状灰岩
		中统	污泥塘组	$\epsilon_2 w$	113~589	深灰色碳质板岩、纹层灰岩、泥质灰岩互层,产三叶虫
		下统	清虚洞组	$\epsilon_1 q$	274	灰色薄—中层灰岩、白云质灰岩夹白云岩、泥灰岩,产三叶虫、腕足类
			牛蹄塘组	$\epsilon_1 n$	68~241	黑色薄层碳质板岩、粉砂质碳质板岩夹硅质岩、石煤层和磷块岩,底部有含磷结核
新元古界	震旦系	上统	留茶坡组	$Z_2 l$	17~57.5	灰色—灰黑色薄—中层硅质岩夹硅质板岩、碳质硅质板岩
			金家洞组	$Z_2 j$	58.5	灰色硅质板岩、粉砂质板岩,偶夹白云岩
		下统	洪江组	$Z_1 h$	102~180	灰色砾质板岩、含砾泥板岩夹板岩
			大塘坡组富禄组	$Z_1 d+f$	2.7~25	灰黑色板岩、钙质粉砂岩夹锰质页岩、锰质白云岩。灰色—浅灰绿色含砾板岩、含砾砂板岩及砾质板岩
	青口白系		板溪群	Pt_3	356.6	灰色—深灰色含砾凝灰质细砂岩、石英粉砂岩夹凝灰质板岩、粉砂质板岩

图 4-2 楠木铺-松溪铺重点调查区地层综合柱状图

(一)板溪群

五强溪组($Pt_3 wq$):灰绿色、灰色中粒石英砂岩、含砾长石石英砂岩,底部为石英细砾岩。厚约 250 m。

多益塘组(Pt_3d):上段为灰黄色、灰绿色薄层—中层状粉砂质板岩、凝灰质板岩夹变沉凝灰岩、长石石英砂岩。厚50~100 m。

(二)震旦系

大塘坡组-富禄组(Z_1d+f):下部为灰色、灰黄色厚层状含砾中—粗砂岩、砂质板岩、钙质岩屑砂岩;上部为灰黄色、灰黑色含碳质页岩、黏土质板状页岩,下部夹白云岩及菱锰矿。厚2.7~25 m。

洪江组(Z_1h):灰色、深灰色块状冰碛岩、含砾砂质泥岩、泥质含砾不等粒石英杂砂岩。厚102~180 m。

金家洞组(Z_2j):灰色、深灰色碳质板岩、泥灰岩,夹透镜状白云岩及薄层硅质岩。厚58.5 m。

留茶坡组(Z_2l):灰色—青灰色薄层、中层状硅质岩、硅质碳质页岩。厚17~57.5 m。

(三)寒武系

牛蹄塘组(ϵ_1n):下段为灰黑色、黑色薄层硅质板(状、页)岩、碳质页岩,含磷结核。上段为黑色中层、薄层硅质板(状、页)岩,含黄铁矿。厚约200 m。

清虚洞组(ϵ_1q):灰色、深灰色薄板状(千层饼状)微晶灰岩,上部为黑色含钙质硅质团块。厚约274 m。

污泥塘组(ϵ_2w):下部为灰色纹层状碳泥质板岩夹灰岩,上部为黑色含钙质硅质团块的粉砂质碳泥质板岩。厚113~539 m。

探溪组(ϵ_3t):下段为灰色、黄灰色含碳泥质白云质灰岩、泥质灰岩、泥晶灰岩,上段为黄褐色、灰色薄层状纹层灰岩、条带状灰岩。厚度大于113 m。

(四)石炭系

大埔组(C_2d):浅灰色厚层—巨厚层状白云质灰岩、瘤状颗粒灰岩夹砾岩层。厚298 m。

马平组(CPm):浅灰色巨厚层状灰岩、含砾灰岩、泥晶砾屑灰岩,夹白云质灰岩、紫红色砾岩。厚455 m。

(五)二叠系

梁山组(P_1l):灰黄色厚层状中—粗粒长石石英砂岩、细粒石英砂岩、粉砂质页岩,含煤,产植物化石。厚1.8~104 m。

栖霞组(P_2q):灰黑色中层—厚层状含燧石团块及条带灰岩,夹少量泥灰岩或钙质页岩、硅质灰岩。厚68~142 m。

(六)侏罗系

白田坝组(J_1b):底部为灰色厚层—巨厚层状燧石石英砾岩,中下部为灰色长石石英砂岩夹黑色砂质泥岩及不稳定煤层,上部为薄层—中层状粉砂岩与泥岩互层。产植物化石。厚43.1~105 m。

(七)白垩系

石门组(K_1s):紫红等杂色厚层—块状砾岩,砂砾岩与杂砂岩组成韵律层。

东井组(K_1d):紫红色砂质钙质泥岩为主,夹钙质粉砂岩、薄层砂砾岩及少量灰绿色泥岩。

栏珑组(K_1l):紫红色、棕红色厚—巨厚层状、块状砾岩、含砾砂岩及杂砂岩。

神黄山组(K_2sh):紫红色、灰紫色中厚层细砂岩、粉砂质泥岩夹灰红色厚—巨厚层状砾岩、砂砾岩。

(八)第四系

更新统(Qh):上部砂砾层夹砂或砂土层,下部砾石层。

全新统(Qp):砂及砂土层、亚黏土,现代河流沉积及坡积。

第二节 构 造

一、两河口-观音寺重点调查区

(一)褶皱

调查区内广泛出露青白口系、震旦系、寒武系、白垩系,其中震旦系与青白口系板溪群、上震旦统与下震旦统为平行不整合接触,白垩系与下伏地层高角度不整合接触。据此,可将调查区划分为两个构造层,即板溪群—车夫组构成的加里东构造层(包括雪峰、加里东两个构造旋回)和白垩系构成的燕山构造层(图4-3)。

调查区总体呈走向NEE的复式褶皱(郭家界复背斜)构造形态,核部地层为青白口系板溪群,两翼为震旦系—寒武系,部分区段被白垩系覆盖。调查区北段为复背斜北翼,向北依次发育钟家铺向斜、毛坪背斜等次级褶皱(图4-4)。调查区南段为复背斜南翼,向南依次发育板溪向斜、龙门洞背斜、栗子沟向斜等次级褶皱(图4-5)。

区内变形期以加里东期为主导,形成一系列NEE向构造(F5、F18、F21等)。调查区北段钟家铺复向斜牛蹄塘组—车夫组、南段龙门洞复背斜五强溪组—敖溪组地层分布区,地层走向与NEE向断层展布方向一致,为加里东褶皱逆冲变形带典型特征,其主压应力方向为NNW向;燕山-喜马拉雅期除继承早期构造形迹外,又产生一些新的构造形迹,并将先期NEE向构造切错(F12、F13、F22等)。

由于调查区不同区段发育不同的沉积旋回,因此所表现出的主要构造的期次、作用方式、强度、构造形迹特征均有差异。经调查,区内共发育大型褶皱9个、断层34条。其主要褶皱、断层特征见表4-1、表4-2。

(二)断层

调查区内另一显著特征是NE向、NW向逆断层形成最早,同方向的正断层形成稍晚,为局部构造应力场的产物;NE、NW及NNE向断层形成于燕山晚期-喜马拉雅期,早期构造常被其断层切错。该带较大规模的断层为知生桥逆断层(F5)、谢家坪平移断层(F4)、钟家

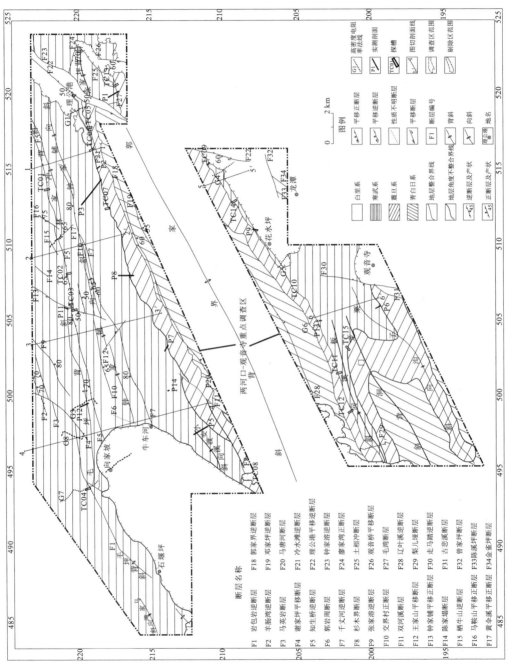

图 4-3 两河口-观音寺重点调查区构造纲要图

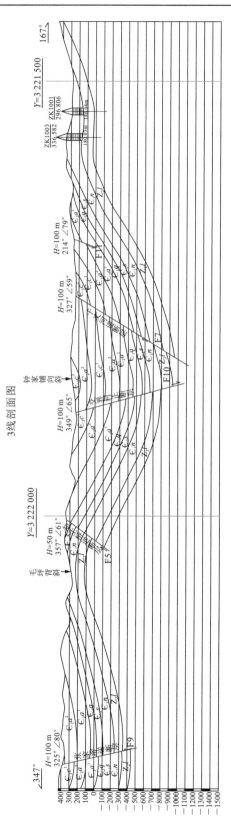

图4-4 两河口-观音寺重点调查区3线图切剖面示意图

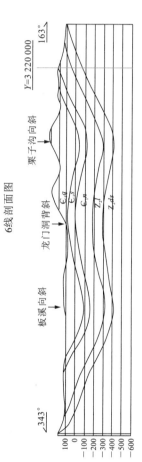

图4-5 两河口-观音寺重点调查区6线图切剖面示意图

表 4-1 两河口—观音寺重点调查区主要褶皱特征简表

编号	褶皱名称	轴迹走向	卷入地层	北翼倾向	南翼倾向	轴面、枢纽及其他	长度/km	长宽比	期次
1	毛坪背斜	NEE	$\epsilon_1 n - \epsilon_3 c^3$	NNW	SSE	轴面舒缓波状、枢纽向西倾伏	>20	>20	加里东期
2	钟家铺向斜	NEE	$\epsilon_3 c^3$	SSE	NNW	轴面舒缓波状、枢纽波状起伏、两端仰起	20	16	
3	小安渡溪向斜	NEE	$\epsilon_1 n - \epsilon_2 a^1$	SSE	NNW	轴面平滑、枢纽水平、北东端仰起	2.5	6	
4	林家冲背斜	NEE	$\epsilon_2 a - \epsilon_3 c^3$	NNW	SSE	轴面北倾、枢纽波状、两端倾伏	13	12	
6	张家坪背斜	NEE	$\epsilon_1 n$	NNW	SSE	轴面舒缓波状、两端倾伏	2.5	4.5	
7	板溪向斜	NEE	$Z_2 ds - \epsilon_1 q$	SSE	NNW	轴面舒缓波状、西端仰起	10	5	
8	龙门洞背斜	NEE	$Pt_3 wq - \epsilon_1 n$	NNW	SSE	轴面舒缓波状、东端倾伏	12	4	
9	栗子沟向斜	NEE	$Pt_3 d^1 - \epsilon_2 a^1$	SSE	NNW	略呈 S 型、两端仰起	15	10	

第四章 调查区地质

表4-2 两河口-观音寺重点调查区主要断层特征简表

编号	断层名称	走向	断面倾向	位移方向	长/km	宽/m	断距/m	破碎带特征	断层性质	与其他构造关系	期次
F9	张家溶逆断层	NEE	SSE	N	26	5~100	300	碎裂岩、糜棱岩及压扁角砾岩，透镜体，方解石发育	逆	后期为NNE、NE向断层切错	
F5	知生桥逆断层	NEE	NNW	S	26	6~20	<200	碎裂岩、角砾岩，断层泥发育，白云石化、硅化等	逆	两盘均发育同期同方向褶皱	
F7	千丈河逆断层	NEE	NNW	SSE	18	1~50		方解石脉、团块发育，断面上见灰、泥物质	逆	为NW向F12切错	加里东早期
F18	郭家界逆断层	NEE	SSE	NNW	>16	0.05~0.5		破碎岩、棱状角砾及石英脉及团块发育	逆	破坏郭家界背斜核部	
F21	冷水滩逆断层	NEE	NNW	SSE	3.5		100	岩石较破碎	逆		
F10	交界村正断层	NEE	SSE	S	11	8~30	250	方解石化、白云石化，褪色化，揉皱、劈理发育、硅化张性角砾	正		加里东晚期
F22	理公港平移逆断层	NNE	NWW	SE兼右行	>25	20~50		角砾岩、糜棱岩发育，白云石化、硅化	平移逆	切错F21断层，钟家铺向斜等	燕山早期
F12	王家山平移断层	SEE		左行	2.5		100	稍有破碎，见白云石脉	平移	切错F7及钟家铺向斜等	燕山晚期-喜马拉雅早期
F13	钟家铺平移正断层	NNE	SWW	NW兼右行	10	2~30	150	破碎角砾岩发育，硅化、白云石化及方解石脉	平移正	切错NEE向断层和褶皱	

铺平移正断层(F13)等。

调查区石煤层受断层破坏作用影响。北部知生桥逆断层断失毛坪背斜南翼地层,使牛蹄塘组石煤层大部分被断失;西部受谢家坪断层错断,使毛坪背斜朗树溪段南翼牛蹄塘组被断失,图4-6为谢家坪逆断层野外观测点照片;东部受理公港平移逆断层影响,切断牛蹄塘组石煤层,错距达2 km以上。

图4-6　谢家坪逆断层的断层面及牵引褶皱

二、楠木铺-松溪铺重点调查区

调查区位于扬子地块与华南造山带的接壤地带,构造变形极为复杂,每一个构造层均有独特的变形格局和变形序列,其区域主体构造框架是由加里东运动奠定的,后来经过印支-燕山运动的改造,形成现今的格局。总体构造线方向为NE-SW向,主要为一系列大致平行的断裂和褶皱构造。

(一)褶皱

调查区内北部构造主要发育庄里向斜(B1)、角子溪背斜(B2)、白金坪向斜(B3)(图4-7),两翼地层主要由寒武系、震旦系组成,长轴可达10 km以上,轴向NE-SW,均被NE向断裂破坏。

调查区中部主要发育肖家向斜(B4)、王家溪背斜(B5),由二叠系、石炭系组成,轴向NE-SW,由于断裂破坏,多残缺不全,有些甚至难以恢复其原貌。

调查区南部主要发育神仙坪背斜(B6)、湖田溶向斜(B7)(图4-8)、牡牛山向斜(B8),主要由寒武系、震旦系组成,规模稍大,长轴可达9 km以上,轴向NE-SW,褶皱两翼均被断层切割。

调查区内褶皱较为发育,总体为NE-SW向,多为线状褶皱,少量短轴或等轴状褶皱,长短轴之比介于3∶1～10∶1之间。褶皱面呈圆弧状,个别褶皱转折端有加厚、两翼有变薄现象。由于断裂破坏,多残缺不全,有些甚至难以恢复其原貌(表4-3)。

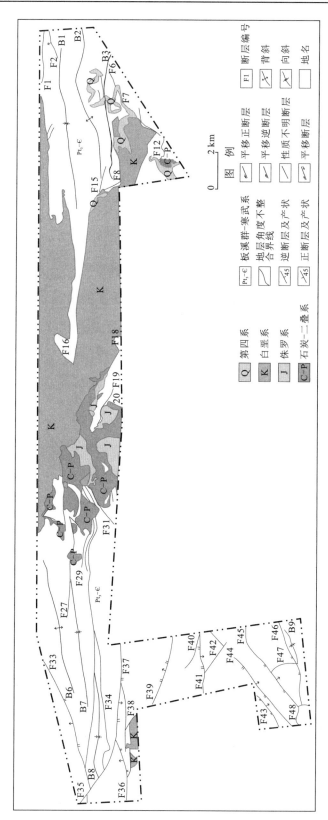

图 4-7 楠木铺-松溪铺重点调查区构造纲要图

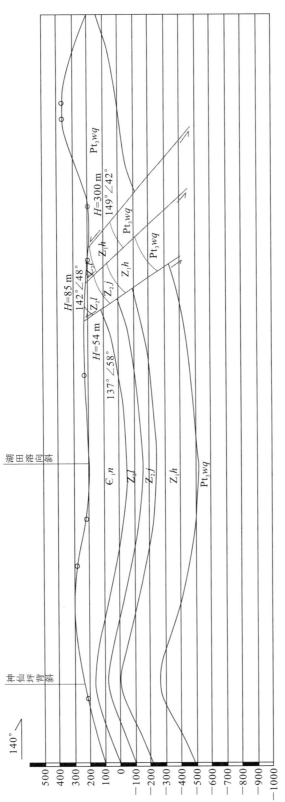

图4-8 调查区 $B-B'$ 图切剖面示意图

(二)断裂

调查区断裂构造十分发育,彼此切割、交叉,互相迁就、利用,较为复杂。区内主要断裂为四都坪正断层、高坪正断层、水田溪弧形断层等,其展布方向主要为 NE 向,切割先期形成褶皱。调查区中部 NNE 向小型断裂极其发育,切割先期形成 NE 向褶皱、断裂(表 4-4)。其典型断裂描述如下。

1. 四都坪正断层

四都坪正断层由四都坪起向 SW 向延伸至蒙溪一线,走向 NE,长约 25 km,破碎带宽 10~50 m,断层面倾向 SE,倾角 50°~70°,切割地层 $Pt_3wq - \epsilon_3 t$ 及早期构造,发育构造岩、片理化及牵引褶皱。

2. 高坪正断层

高坪正断层位于高坪、上腊塘一线,走向 NE 30°~70°,断层面倾向 NW,倾角 60°~80°,长度超过 20 m,破碎带宽 5~50 m,切割地层 $Pt_3wq - K$,被走向 NNW 断层切割成数段。发育角砾岩、牵引褶皱,断距大于 200 m。总体上,断裂南东盘为老岩系,主要是板溪群;北西盘北段主要是白垩系,南段主要是石炭系。断裂带附近,岩石破碎,断层标志清楚。

3. 水田溪弧形断层

水田溪弧形断层长 20 km,弧面附近分布板溪群至寒武系,内测有一略弯曲的 NNE 向挤压带,斜切岩层走向,带内地层直立倒转(图 4-9)。

图 4-9 水田溪倒转地层

两河口-观音寺和楠木铺-松溪铺重点调查区均未出露岩浆岩。

表 4-3 楠木铺-松溪铺重点调查区主要褶皱特征简表

编号	褶皱名称	轴迹走向	卷入地层	褶皱特征			长度/km	长宽比
				西翼	东翼	轴面、枢纽及其他		
B1	庄里向斜	NE	$Z_1h-\epsilon_2w$	NW	SE	轴面 NW 倾，NE 端仰起	12	6
B2	角子溪背斜	NE	$Z_1d+f-\epsilon_1n$	SE	NW	轴面舒缓波状，枢纽波状起伏，两端仰起	11	10
B3	白金坪向斜	NE	$Z_2l-\epsilon_1n$	NW	SE	轴面 SE 倾，SW 端仰起，NE 端轻伏	9	4
B6	神仙坪背斜	NE				轴面舒缓波状，枢纽波状起伏，两端倾伏	10	8
B7	湖田溶向斜	NE	$Z_2l-\epsilon_2w$		>200	轴面舒缓波状起伏，枢纽波状起伏，两端仰起	11	7

表 4-4 楠木铺-松溪铺重点调查区主要断裂特征简表

编号	位置	走向	断面产状	断层规模			破碎带特征	断层性质
				长/km	宽/m	断距/m		
F11	高坪－上腊塘	NE	330°～290°∠60°～80°	>20	5～50	>100	切割新老地层，发育角砾岩，牵引褶皱	正
F15	四都坪－蒙溪	NE	130°～140°∠50°～75°	25	10～50	>300	切割新老地层及早期构造，发育构造岩，片理化，牵引褶皱	正
F16	天湖池－大阳池	NE	310°～320°∠60°～76°	9	10～50	>300	岩石破碎，白垩纪地层与寒武纪地层接触，老地层牵引变形，轻微断裂	正
F17	教子坪－大楼门断	NE	?	7.5		>200	碎裂岩发育，地貌特征明显，发育在白垩纪岩系中	不明
F13	驮子口－学堂湾断	NE	310°～325°∠53°～78°	>16	10	>400	断面切割两盘岩层及白垩纪底砾岩，发育断层角砾，劈理化，分支断裂	正

第五章 含石煤地层、石煤层厚度及煤质

为了对湖南省的石煤有概略了解,本书"含石煤地层及含石煤性"章节根据《湖南省石煤资源综合考察报告》对全省资料作叙述。其他章节内容重点对两河口-观音寺、楠木铺-松溪铺重点调查区的牛蹄塘组的相关内容进行叙述。

第一节 含石煤地层及含石煤性

根据湖南地层横向的发育特征,可大致将其分为湘西北(上扬子区)、湘中和湘东南(华夏区)3个差异明显的地层分区。湘西北分区具有上扬子区的特点,根据地层分布及构造特征,将湘西北分区又分为桑石和黔溆两个小区;湘中分区以反映扬子陆缘特点为主,又分涟邵小区与韶山小区;湘东南分区是华夏区的一部分,可分为郴耒小区和资汝小区(图5-1)。

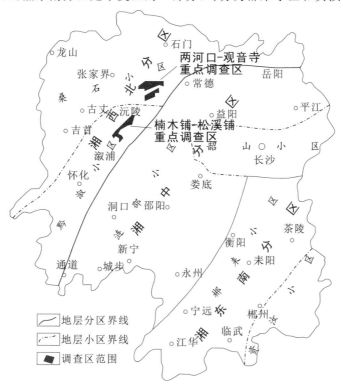

图5-1 湖南地层综合分区图

一、上震旦统陡山沱组

陡山沱组主要分布在湘北和湘中,湘南中震旦统与之相当。

岩性组合:湘北东山峰一带下段由灰黑色含锰白云岩、含黄铁矿碳质页岩、泥质灰岩等组成,上段由灰黑色碳质白云岩、浅灰色含磷白云岩组成。向南到安化、溆浦、黔阳、通道一带,中、上部含碳量增高,局部富集成石煤。

沉积厚度:以湘北东山峰(400～500 m)和湘南江华、桂东一带(400～1200 m)最大,湘中绥宁、城步、洞口、祁东、隆回、双峰一带最小,仅15～30 m。其他各地均在30～80 m之间。

含煤率:仅安化、溆浦、黔阳、通道一带的局部地段发育石煤,发育部位为陡山沱组中、上部,可采地段石煤厚度1.5～18 m,平均厚7 m左右,其他地方石煤不发育。含煤系数为1.6%。

陡山沱组与下伏南华系南沱组呈假整合接触,南沱组为灰绿色冰碛砾泥岩。

二、上震旦统灯影组(留茶坡组)

灯影组(留茶坡组)分布于湘北、湘中,湘南上震旦统层位与之相当。湘北以花垣、大庸、常德、临湘一线为界,北部东山峰等地以白云岩为主,称"灯影组";此线以南以硅质岩为主,称"留茶坡组"。

岩性组合:灯影组为薄层至厚层状白云岩,含硅质条带或团块状藻叠层石,夹碳泥质灰岩及石煤、碳泥质白云岩;底部含磷矿层或磷结核,不含石煤。留茶坡组或老堡组以厚层—中厚层硅质岩为主,局部夹灰岩或白云质灰岩、碳质页岩。

沉积厚度:东山峰一带厚度为186～210 m,大庸—临湘厚度为76～226 m,常德厚度为252 m,益阳、安化、沅陵、溆浦、芷江等地厚度为70～110 m,向南至祁东、双峰、耒阳四洲山厚度仅为3～25 m。石煤层厚度为0～10 m。

含煤率:仅常德的太阳山、桃源的观音寺等地局部夹石煤,石煤位于该组中部,发育1～2层,厚度3.12～21.38 m,以太阳山为中心,向四周显著变薄,含煤性变差。含煤系数29%～36%,与下伏陡山沱组呈整合接触。

三、下寒武统牛蹄塘组

下寒武统牛蹄塘组是湖南省最重要的含石煤地层。由于受构造分异影响,各地区岩性、岩相、厚度及含煤性各不相同。除湘东浏阳至株洲等地有缺失外,其他各地均有分布。现按照沉积特征分区叙述如下。

(一)湘西北分区

本组全区发育,主要出露于怀化、沅陵、石门东山峰,花垣、慈利、常德,往东至岳阳临湘。

与下伏灯影组一般为整合接触,但石门杨家坪、常德太阳山、慈利至大庸以及凤凰、麻阳、新晃、会同瓦窑一带为假整合接触。

岩性组合:以石煤、碳质页岩为主,占50%以上,次为含硅质碳质板岩或泥质碳质板岩、钙质泥岩或粉砂质板岩等。

沉积厚度:本组厚度变化大,为38.3(迪园)~358.3 m(临湘),一般在100~150 m之间。

含煤率:本区石煤在全区均有发育,石煤赋存于下部,以岳阳新开塘、常德、慈利、张家界以及沅陵北部最好。含煤1~6层,一般1~2层,石煤总厚度一般10~68 m,含煤系数1.6%~52%,呈层状—似层状产出,比较稳定,结构简单。

(二)湘中分区

本组出露于宁乡、新化、涟源、双峰、靖县、新宁一带。与下伏留茶坡组呈整合接触。

岩性组合:为一套复杂的以浅海相碳质页岩为主,含石煤及少量的化学岩及碎屑沉积岩的岩性组合。

沉积厚度:沿浏阳湘潭涟源至新晃一带,厚度一般为50~100 m,向其两侧厚度加大。南部城步、新宁一带,厚度达300 m以上。

含煤率:在新化、新邵及双峰、衡阳、祁东一带,含石煤地层厚60~11 m,含石煤1层,厚度0.5~3 m,厚度变化大,仅局部可采。隆回、洞口、城步一带含石煤地层厚度67~345 m,总厚度2~4 m,可采含煤系数约10%。

(三)湘东南分区

本组又称香楠组,广泛出露于江华—兰山、茶陵至攸县、郴州至永兴、桂东至汝城等地,与下伏上震旦统均为整合接触。

岩性组合:为一套陆缘浅海相碎屑岩沉积。岩性单调,主要由浅变质中、细粒夹粗粒或含砾石英砂岩,夹黑色板岩、碳质板岩组成。近底部偶夹硅质岩及石煤。碎屑岩含量占64%~82%,碳质板岩层夹石煤层占13%~35%,硅质岩仅占1%~4%。

沉积厚度:厚度变化不大,一般在200 m以上,以兰山的沙坪岭(376 m)及永兴三湾上(250 m以上)一带较厚,向周围有变薄趋势。

含煤率:含煤系数全省最差,接近于零。

第二节　牛蹄塘组石煤层

一、可采石煤层

小淹、背儿岩-牛溪坪石煤重点调查区无实测资料。下述全省以及小淹、背儿岩-牛溪坪石煤重点调查区可采石煤层资料来自《湖南省石煤资源综合考察报告》《湖南省安化县杨林矿区石煤、钒矿普查报告》及《湖南省辰溪县张家湾矿区详查地质报告》。

湖南省石煤层主要赋存于下寒武统牛蹄塘组中下部,主要分布在湘西北以及湘中北部,石煤层厚度较大,发热量可观,含伴生元素丰富;其次为湘东南,厚度较小,发热量低(图5-2)。湘西北含石煤地层厚38.3~385.3 m,主要赋存于下部,含石煤1~6层,石煤总厚2~45 m;湘中含煤地层厚34.4~206 m,一般赋存于本组中下部,含石煤1~2层,石煤总厚2.35~68 m。

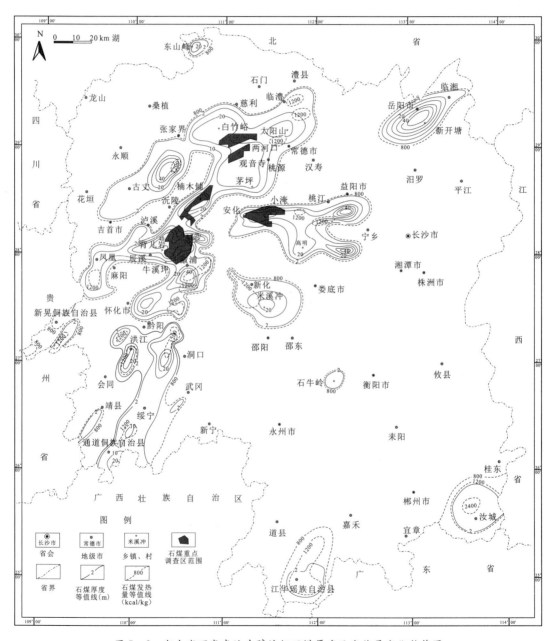

图5-2 湖南省下寒武统牛蹄塘组石煤厚度及发热量变化趋势图

由图 5-2 可知，湖南省石煤主要分布于湘西北地区，其中高值区主要分布在常德太阳山、两河口—观音寺镇、古丈东北地区、沅陵县、辰溪县背儿岩—牛溪坪镇及溆浦县以南等地，厚度为 20~50 m，发热量为 800~1200 kcal/kg，局部地区大于 1200 kcal/kg，以高值区为中心向边缘逐渐减小；而湘中、湘东南地区厚度与发热量则呈点状分布，高值区主要集中在米溪冲、石牛岭、江华县及汝城一带，厚度为 2~20 m，发热量为 8~1200 kcal/kg，局部大于 1200 kcal/kg。整体上湘西北地区石煤质量要优于湘中及湘中南地区。

(一)两河口-观音寺重点调查区

1. 石煤层

区内下寒武统牛蹄塘组，主要由石煤层及碳质页岩组成，分布范围较广，呈条带状近东西向展布，横贯全区，发育连续性好且稳定，岩石矿物成分随着硅质、白云质成分显著减少，碳质成分明显增多，风化色由深变浅。石煤层空间展布随牛蹄塘组产状变化而变化，石煤层发育稳定，位于牛蹄塘组底部，呈层状、似层状产出，为 1 层。依据探槽、剖面所揭示及样品发热量测试结果（发热量大于 800 kcal/kg），确定了石煤层厚度，见表 5-1。调查区石煤层厚度为 10.18~45.19 m，均大于工业可采厚度 4 m，平均厚 25.91 m，厚度变化系数为 39.05%。

表 5-1 探槽及剖面揭示石煤层厚度统计表

探槽编号	揭示石煤层厚度/m	剖面编号	揭示石煤层厚度/m
TC05	41.66	P03	33.80
TC07	25.73	P05	35.50
TC08	32.61	P06	45.19
TC09	25.66	P07	10.18
TC10	18.31	P11	19.96
TC11	20.14	P12	31.60
TC12	11.46	P13	24.38
TC13	17.00		
TC14	21.41	平均厚度	25.91

2. 石煤顶底板

石煤层顶板为黑色碳质页岩，岩石矿物成分与石煤相同，但发热量小于 800 kcal/kg，与下伏石煤层呈渐变关系，二者无明显分界线，肉眼不易区别。

石煤层直接底板岩层有两种。第一种为碳质页岩，厚度变化大，为 0~50.5 m，调查区北段厚 0~30 m，调查区南段厚 20~50 m。第二种为老堡组上段硅质岩，与上覆石煤层分层标志明显，主要分布在调查区北段马金洞区段。

(二)楠木铺-松溪铺重点调查区

区内含石煤岩系为下寒武统牛蹄塘组下部,分布面积大,层位稳定,连续性好。岩性主要由碳质页岩、硅质页岩和石煤层组成,自下而上硅质成分显著减少,泥质成分明显增多,风化色由深变浅,石煤发热量随碳含量的递减而逐渐降低。石煤分布在整个调查区,发育2层可采石煤层,分为底部Ⅰ石煤层、中部Ⅱ石煤层,其矿体厚度、发热量统计见表5-2。

表5-2 石煤矿体厚度、发热量统计表

矿层号	工程号	厚度/m	发热量/(kcal·kg^{-1})	平均厚度/m	平均发热量/(kcal·kg^{-1})	厚度变化系数/%	发热量变化系数/%
Ⅰ	P01	22.00	/	16.77	985	53	18
	TC02	20.40	/				
	TC03	23.20	1 342.4				
	P09	7.93	973.6				
	P04	31.20	1060				
	TC04	11.90	868				
	P05	7.60	991				
	P06	29.50	904				
	P07	8.60	807				
	P08	5.35	931				
Ⅱ	TC01	11.85	/	12.45	870	93	4
	P09	28.73	873				
	TC04	7.22	837				
	P08	2.00	900				

1. Ⅰ矿层

Ⅰ矿层控矿工程有剖面P01、P04、P05、P06、P07、P08、P09和探槽TC02、TC03、TC04,共10个。根据以上各工程取样分析资料,Ⅰ石煤层层位稳定,石煤矿层随地层产状变化而变化,连续性好。矿层厚度7.60~31.20 m,平均厚度16.77 m,厚度变化系数53%,较不稳定,从北向南厚度总体呈减小趋势。石煤发热量807~1 342.4 kcal/kg,平均985 kcal/kg,发热量变化系数18%,发热量较均匀。

第五章　含石煤地层、石煤层厚度及煤质

2. Ⅱ矿层

Ⅱ矿层局部发育,只有剖面P08、P09和探槽TC01、TC04揭露可采。根据以上各工程取样分析资料,Ⅱ石煤层厚度变化较大,连续性较差。矿层厚度2.00～28.73 m,平均12.45 m,厚度变化极大,在调查区中部厚度可观,南部仅发育较薄石煤层,厚度未达到工业开采要求。石煤发热量837～900 kcal/kg,平均870 kcal/kg,发热量变化系数4%,发热量均匀。

3. 矿层顶底板

调查区石煤层顶板为黑色碳质页岩,岩石矿物成分与石煤相同,但发热量小于800 kcal/kg,与下伏石煤层呈渐变关系,二者无明显分界线,肉眼不易区别。石煤层直接底板岩层有两种。第一种为硅质页岩,厚度变化大,为2～40 m。第二种为留茶坡组上段硅质岩,与上覆石煤层分层标志明显。

(三)背儿岩-牛溪坪石煤重点调查区

据背儿岩-牛溪坪石煤重点调查区邻区张家湾矿区《湖南省辰溪县张家湾矿区详查地质报告》,背儿岩-牛溪坪石煤重点调查区含矿岩系产于下寒武统牛蹄塘组的下部,岩性为黑色页岩,在含矿岩系中有两个钒矿层,并结合野外踏勘情况,推测该重点调查区石煤层为Ⅰ、Ⅱ两层,Ⅰ石煤层厚度约40 m,Ⅱ石煤层厚15～20 m。

(四)小淹石煤重点调查区

根据本区石煤层自然沉积特点,考虑到工业利用,结合组成矿层的岩性特征,自上而下划分为两个石煤层,编号为Ⅰ、Ⅱ石煤层。

1. Ⅰ石煤层

Ⅰ石煤层赋存于薄层状夹少量中厚层状碳质板岩中,处于矿化带上部,位于上标志层(K3)中厚层状含黄铁矿结核碳质板岩之下及中标志层(K2)薄层状硅质碳质板岩之上,以单一碳质板岩为其岩性特征,厚6.12～35.05 m,平均19.13 m,仅局部地段含钒矿层1～3层。

2. Ⅱ石煤层

Ⅱ石煤层赋存于碳质板岩夹硅质碳质板岩中,位于矿化带下部,顶部以中标志层(K2)薄层状硅质碳质板岩为特征,该标志层厚1.64～6.23 m;位于下标志层(K1)薄层硅质岩之上,以含较多的硅质碳质板岩及少量薄层硅质岩为特征,厚19.16～50.47 m,平均31.95 m。

3. 矿层顶底板

矿与非矿之区分,往往是按一定标准(即工业指标)以同一类型赋矿围岩中含碳量高低,即矿石中发热量高低来确定的。顶、底板围岩及夹石岩性几乎均与组成矿石的赋矿岩层相同,即绝大部分为碳质板岩,个别为碳酸盐岩石(含碳泥质灰岩或灰岩)。后者往往呈透镜体产出,但相对而言,地表及4线以东深部目前尚未发现灰岩,而从4线开始往西深部工程均

揭露有碳酸盐岩夹层1~2层,单层厚0.05~6.21 m。由表5-3可知,石煤中的碳质板岩夹石,厚2.62~14.14 m,平均6.25 m;含钒0.05×10^{-2}~1.08×10^{-2},平均0.39×10^{-2},往往含V_2O_5较高,局部地段构成钒的工业矿体。

表5-3 石煤层夹石厚度及V_2O_5含量特征表

勘探线		15	11	0	4	8	12	平均
工程编号		PD6	ZK1101	ZK001	ZK401	PD8	ZK1201	
石煤层夹石	层数	1	2	1	1	1	2	
	厚度/m	6.86	5.10~14.14	4.93	13.73	2.62	3.25~4.08	6.25
发热量/(MJ·kg^{-1})		2.7	2.1~2.6	1.5	2.5	2.5	1.2~2.8	2.0
V_2O_5品位/10^{-2} 最小~最大 平均值		0.16~0.69 0.44	0.05~0.18 0.12	0.10~0.12 0.11	0.19~1.08 0.64	0.56~0.69 0.65	0.07~0.86 0.40	0.39

数据来源:《湖南省安化县杨林矿区石煤、钒矿普查报告》。

二、石煤层对比

(一)两河口-观音寺重点调查区

两河口-观音寺重点调查区石煤层底板岩性(图5-3)主要为碳质页岩,含大量的黄铁矿结核及磷质结核,含硫,与下伏老堡组薄层至中厚层状硅质岩呈整合接触关系;老堡组岩石坚硬致密,隐晶质结构,节理发育,呈菱形状,可作为石煤层底板对比标志。顶板为黑色碳质页岩,岩石矿物成分与石煤相同,但发热量小于800 kcal/kg,与下伏石煤层呈渐变关系,二者无明显分界线,肉眼不易区别。

(二)楠木铺-松溪铺重点调查区

Ⅰ石煤层对比标志:发育于牛蹄塘组底部(图5-4),层中含较丰富的豆状—透镜状含磷结核[(图5-5(a)],底部多夹极薄层状(条带状)硅质岩[(图5-5(b)],下伏地层为留茶坡组硅质岩。

Ⅱ石煤层对比标志:Ⅰ石煤层与Ⅱ石煤层间普遍发育一层深灰色砂质泥岩,发育大量虫迹,地表风化后呈白色,俗称"花斑泥岩"[(图5-6(a)]。Ⅱ石煤层含较丰富的球状菱铁矿结核及少量含磷结核[(图5-6(b)]。

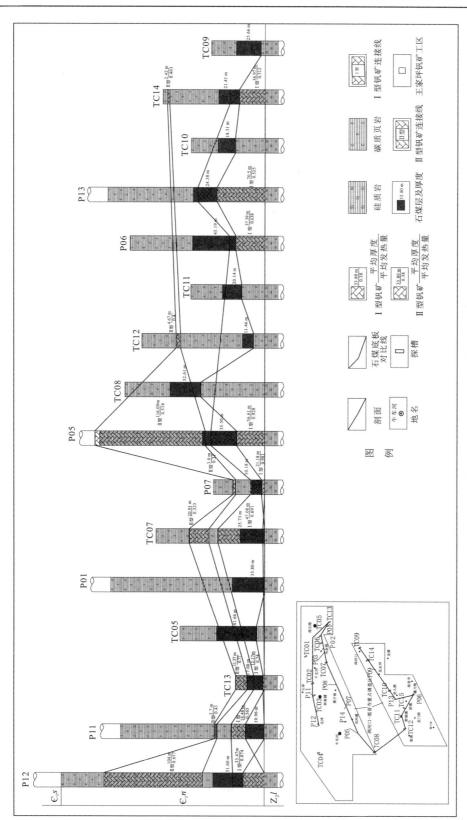

图 5-3 两河口—观音寺重点调查区下寒武统牛蹄塘组石煤层对比图

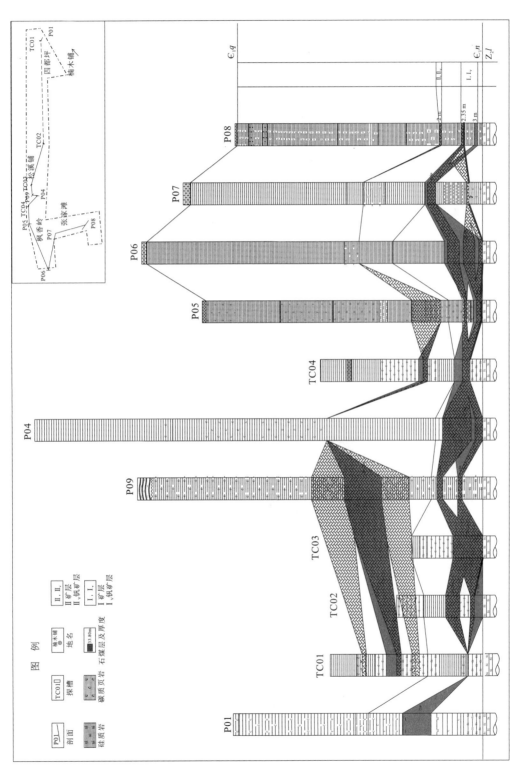

图 5-4 楠木铺-松溪铺重点调查区下寒武统牛蹄塘组石煤层对比图

图 5-5　Ⅰ石煤层对比标志
(a)含磷结核;(b)薄层状硅质岩

图 5-6　Ⅱ石煤层对比标志
(a)花斑泥岩;(b)球状菱铁矿结核

第三节　石煤煤质

一、物理性质及煤岩特征

(一)石煤宏观特征

灰黑色、黑色,致密坚硬,呈块状,条痕为灰黑色,稍染手,光泽暗淡,结构均一,具贝壳状断口,容重一般大于 2.10 t/m³。层面与节理面上常有白色粉末。燃点高,燃烧时发红,无烟、有微烟,硫磺味较浓。燃后煤渣为灰白色、褐红色。

(二)显微煤岩特征

石煤的结构、构造取决于沉积环境与沉积条件及矿物组成。通过薄片鉴定,石煤主要由泥碳质组分及少量粉砂质碎屑等组成,混伴有大量碳质组分。岩石成分主要是黏土矿物,呈显微鳞片状,由于碳质组分较多,其结构较模糊(图5-7)。碎屑特征:约占样品总量15%,以粒径为0.01~0.05 mm的细粉砂级碎屑为主,碎屑多呈滚圆状、次滚圆状以及次棱角状等形态,磨圆度好,分选性好,碎屑成分主要是石英矿物屑,其次为白云母和长石矿物屑,粉砂碎屑分散分布于泥碳质组分基底上,碳质组分多呈浸染状产出,可见少量黄铁矿等,局部可见细小石英脉发育。石煤的主要矿物成分相互混杂、紧密联系在一起,呈致密块状、板状构造,碳泥质结构。

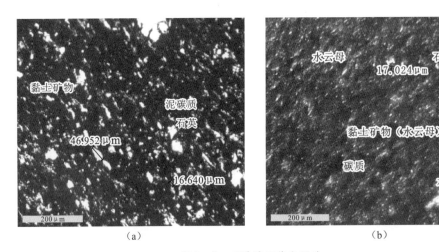

图5-7 石煤镜下鉴定照片

(a)显微鳞片状结构,粉砂质结构,似条纹状构造;(b)显微鳞片状结构,块状构造

二、化学性质

(一)、两河口-观音寺重点调查区

1. 调查区北段

根据该区段内5条地质剖面和4条探槽实测数据,区段内发育一层石煤,位于牛蹄塘组底部,平均煤厚27.6 m,平均发热量982.5 kcal/kg,平均水分1.6%,平均灰分86.3%,平均挥发分5.0%,平均含硫1.7%(表5-3)。

2. 调查区南段

根据该区段内2条地质剖面和5条探槽实测数据,区段内发育一层石煤,位于牛蹄塘组底部,平均煤厚23.8 m,平均发热量953.7 kcal/kg,平均水分1.6%,平均灰分84.9%,平均挥发分7.6%,平均含硫1.4%(表5-4)。

表 5-4 调查区石煤质量统计表

区段	剖面	厚度/m	发热量/(kcal·kg^{-1})	水分/%	灰分/%	挥发分/%	硫/%
北段	P03	33.8	858.5	1.3	85.9	6.0	3.1
	P05	35.5	1 010.1	1.2	84.4	5.7	1.6
	P07	10.2	1 040.0	2.1	87.8	5.8	0.1
	P11	20.0	1 089.1	1.4	87.4	3.4	0.8
	P12	31.6	923.3	1.6	87.8	4.6	0.5
	TC05	41.7	893.2	2.0	86.0	5.3	3.8
	TC07	25.7	1 029.5	2.1	88.0	2.8	0.5
	TC08	32.6	1 106.6	1.3	85.6	4.8	1.5
	TC13	17.0	1 031.0	1.2	85.0	7.2	0.4
	加权平均值	27.6	982.5	1.6	86.3	5.0	1.7
南段	P06	45.2	910.9	2.3	83.9	6.5	0.6
	P13	24.4	954.8	1.9	86.4	4.2	1.7
	TC09	25.7	1 160.2	1.0	80.5	10.5	3.8
	TC10	18.3	946.3	1.5	85.7	18.5	1.1
	TC11	20.1	831.0	1.1	86.8	3.1	1.2
	TC12	11.5	980.3	1.0	87.3	4.6	1.0
	TC14	21.4	903.3	1.4	87.0	7.1	0.6
	加权平均值	23.8	953.7	1.6	84.9	7.6	1.4

进一步分析各质量指标之间的趋势关系(图 5-8),研究表明,灰分与挥发分负相关,与水分正相关;发热量与挥发分负相关,与硫含量负相关。由此可见,石煤的灰分、挥发分、水分、硫含量均对发热量有一定的影响。

(二)楠木铺-松溪铺重点调查区

由表 5-5 可以看出,区内Ⅰ石煤矿层水分含量低,平均值 1.77%;灰分很高,平均值 84%,最高达 93.7%;挥发分 4.08%;全硫含量 1.04%;属高灰、低硫、低挥发分、低发热量石煤。Ⅱ石煤矿层水分含量 1.46%,灰分 85.64%,挥发分 3.47%,全硫含量 1.27%,属高灰、低硫、低挥发分、低发热量石煤。

进一步分析各质量指标之间的趋势关系(图 5-9),结果表明,发热量与灰分、挥发分负相关,与水分、硫含量正相关。

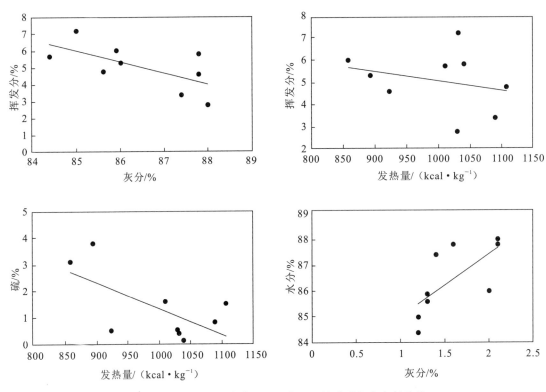

图 5-8 两河口-观音寺重点调查区石煤质量拟合分析结果

表 5-5 牛蹄塘组石煤层煤质分析汇总表

石煤层号	工程号	水分/%	灰分/%	挥发分/%	硫/%
I	TC02	$\frac{1.30\sim2.00}{1.63(4)}$	$\frac{84.90\sim87.20}{86.23(4)}$	$\frac{2.32\sim6.12}{3.93(4)}$	$\frac{1.60\sim2.50}{1.93(4)}$
	TC03	$\frac{1.70\sim2.30}{2.03(5)}$	$\frac{75.50\sim78.80}{77.44(5)}$	$\frac{2.48\sim3.63}{3.11(5)}$	$\frac{0.90\sim2.50}{1.68(5)}$
	P09	$\frac{1.30\sim3.10}{2.03(6)}$	$\frac{79.50\sim90.30}{82.78(6)}$	$\frac{2.86\sim5.15}{3.72(6)}$	$\frac{0.30\sim2.60}{1.31(6)}$
	P04	$\frac{1.10\sim2.30}{1.58(12)}$	$\frac{72.00\sim87.40}{82.13(12)}$	$\frac{2.25\sim4.76}{3.67(12)}$	$\frac{0.40\sim2.30}{1.31(12)}$
	TC04	$\frac{1.50\sim3.10}{2.32(2)}$	$\frac{83.20}{83.20(2)}$	$\frac{3.26\sim5.93}{4.6(2)}$	$\frac{0.60\sim1.30}{0.96(2)}$
	P05	$\frac{1.50\sim3.10}{1.82(8)}$	$\frac{75.10\sim90.80}{84.23(8)}$	$\frac{3.47\sim8.06}{5.84(8)}$	$\frac{0.30\sim1.00}{0.49(8)}$

续表 5-5

石煤层号	工程号	水分/%	灰分/%	挥发分/%	硫/%
I	P06	$\dfrac{0.40\sim1.40}{0.96(10)}$	$\dfrac{82.90\sim92.00}{89.03(10)}$	$\dfrac{1.77\sim5.15}{3.07(10)}$	$\dfrac{0.30\sim2.50}{0.96(10)}$
I	P07	$\dfrac{1.20\sim2.50}{1.63(4)}$	$\dfrac{85.00\sim93.70}{88.94(4)}$	$\dfrac{4.54\sim5.45}{4.96(4)}$	$\dfrac{0.04\sim0.20}{0.12(4)}$
I	P08	$\dfrac{1.10\sim2.70}{1.90(4)}$	$\dfrac{82.80\sim85.20}{83.66(4)}$	$\dfrac{1.93\sim5.43}{3.72(4)}$	$\dfrac{0.10\sim1.90}{0.57(4)}$
II	TC01	$\dfrac{1.10\sim1.50}{1.33(3)}$	$\dfrac{86.90\sim90.40}{88.96(3)}$	$\dfrac{3.66\sim4.46}{4.12(3)}$	$\dfrac{0.30\sim0.40}{0.33(3)}$
II	P09	$\dfrac{1.50\sim1.80}{1.64(3)}$	$\dfrac{81.40\sim86.80}{84.23(3)}$	$\dfrac{2.22\sim3.69}{2.89(3)}$	$\dfrac{1.60\sim2.50}{1.91(3)}$
II	TC04	$\dfrac{1.30\sim2.10}{1.70(2)}$	$\dfrac{83.50\sim86.40}{84.95(2)}$	$\dfrac{3.41\sim4.19}{3.80(2)}$	$\dfrac{1.40\sim2.50}{1.97(2)}$
II	P08	$\dfrac{1.10\sim1.20}{1.15(2)}$	$\dfrac{83.50\sim85.40}{84.43(2)}$	$\dfrac{3.05\sim3.06}{3.06(2)}$	$\dfrac{0.80\sim0.90}{0.85(2)}$

注:数值为 $\dfrac{最小值\sim最大值}{平均值(样品数)}$。

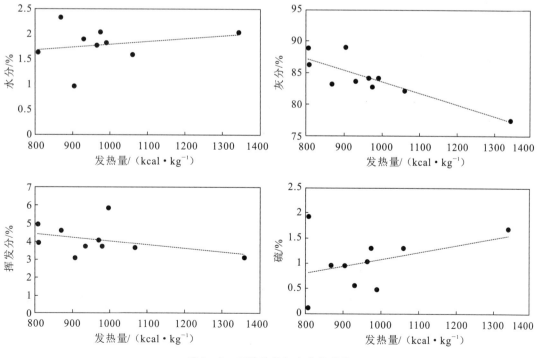

图 5-9 石煤质量拟合分析结果

三、工艺性能

(一)两河口-观音寺重点调查区

区内北段石煤平均发热量 982.5 kcal/kg,南段石煤平均发热量 953.7 kcal/kg;软化温度(ST)>1500 ℃,为低发热量、高软化温度的石煤(表 5-6、表 5-7)。

表 5-6 石煤灰成分表　　　　　　　　　　　　　　　　单位:%

石煤层	SiO_2	Fe_2O_3	Al_2O_3	TiO_2	CaO	MgO	SO_3	K_2O	Na_2O
北段	76.62	4.50	12.20	0.61	0.78	1.49	0.10	2.99	0.42
南段	86.16	2.12	6.87	0.37	0.15	0.94	0.21	1.51	0.01

表 5-7 石煤灰熔融性表

石煤层	灰熔融性			
	变形温度 DT/℃	流动温度 FT/℃	半球温度 HT/℃	软化温度 ST/℃
北段	1240	1450	1480	>1500
南段	1350	1460	>1500	>1500

(二)楠木铺-松溪铺重点调查区

Ⅰ石煤层发热量为 985 kcal/kg,软化温度(ST)>1500 ℃,为低发热量、高软化温度的石煤;Ⅱ石煤层发热量为 870 kcal/kg,软化温度(ST)>1500 ℃,为低发热量、高软化温度的无烟煤(表 5-8、表 5-9)。

表 5-8 石煤灰成分表　　　　　　　　　　　　　　　　单位:%

石煤层	SiO_2	Fe_2O_3	Al_2O_3	TiO_2	CaO	MgO	SO_3	K_2O	Na_2O
Ⅰ石煤层	78.60	2.92	0.13	0.10	0.27	0.24	0.10	1.18	0.14
Ⅱ石煤层	85.00	1.59	5.23	0.70	0.14	1.01	0.30	2.03	0.07

表 5-9 石煤灰熔融性表

煤层号	灰熔融性			
	变形温度	流动温度	半球温度	软化温度
	DT/℃	FT/℃	HT/℃	ST/℃
Ⅰ石煤层	1110	>1500	>1500	>1500
Ⅱ石煤层	1130	>1500	>1500	>1500

四、煤类及工业用煤

综上所述,各时期形成的石煤质量为高灰、中—高硫、低热值的腐泥无烟煤。

(一)石煤发电

自20世纪70年代初以来,湖南利用石煤发电取得了比较成功的经验,如益阳石煤电厂,利用沸腾炉发电,成本比较低,经济效益也比较好。石煤发电流程如图5-10所示。将石煤矿石经过洗选后机械粉碎、磨球并与适量的煤炭混合均匀(要考虑温度不能高于950 ℃,超过950 ℃石煤提钒的转化率极低)放入沸腾炉中,鼓以水和空气加以焙烧,可得到两种产物:蒸汽及矿渣、粉煤灰。其中蒸汽(温度达到800 ℃即可)用于发电;矿渣、粉煤灰则用于下一步的提钒工艺。

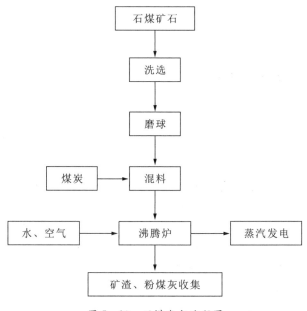

图 5-10 石煤发电流程图

2012年7月27日,大唐华银怀化石煤资源开发有限公司在会同县工商局顺利登记注册,采用国际先进的大型循环流化床燃烧技术,达到超低排放标准,符合国家产业政策,属国家鼓励的清洁能源项目。项目总规划建10台35万kW超临界循环流化床发电机组,配套建露天煤矿、提钒生产线、建材生产线。10台发电机组建成后,年消耗石煤3 161.5万t,相当于节约标煤542.5万t。

(二)石煤提钒

1. 提钒工艺

目前石煤提钒工艺流程主要有钠盐氧化焙烧法、直接酸浸法、钙盐焙烧法和附加剂氧化焙烧树脂交换法等4种方法。经过对石煤的发热量、钒矿中钒的价态的分析,依照有较高的产品回收率、产品质量达标,工艺畅通、产品成本较低,无有害气体排放、废水能循环使用、使钒厂实现无污染生产的基本原则,结合多年石煤提钒生产研究的结果,拟采用复合焙烧—稀酸浸出—离子交换法工艺提钒(图5-11)。

图5-11中,含矾石煤矿石烘干后经机械加工破碎、磨球,加入适量煤炭混合均匀,之后放入焙烧炉中,加入添加剂焙烧之后浸出,可得到浸出液和矿渣两种产物。其中矿渣直接放入尾矿库,经分析化验后进行下一步的矿渣综合利用。而浸出液则是提钒的主要物质,将浸出液反复用树脂吸附、冲洗,可得到解析液和尾水两种产物。其中尾水注入尾水池中进行无污染化处理;在解析液中加入碱液解析,得到二次解析液和废液。其中废液可以经过加稀盐酸和再生酸反复冲洗、再生;二次解析液经过净化后过滤可得到部分钒和高浓度含钒溶液,将适量氯化铵加入高浓度含钒溶液中反应过滤后可得到偏钒酸铵,偏钒酸铵经脱水后灼烧,可得到高标准的五氧化二钒(V_2O_5)和废气。

2. 提钒工艺的参数

复合焙烧—稀酸浸出—离子交换法提钒工艺参数如下:

(1)焙烧转化率。实验室模拟工业生产实验,焙烧转化率最高达到80%,平均75%,设计取实验室数据的90%作为参数,即焙烧转化率为80%×75%×90%=54%。

(2)浸出率取93%。

(3)工艺损失取5%。

(4)产品直收率取68%×93%×(100-5)%=60%。

3. 提钒工艺的特点

焙烧后的物料兼有钠化焙烧物料和钙化焙烧物料的特性,可用两段浸出,即直接水浸与弱碱性碳酸化加压浸出。浸出液经离子交换法净化后,直接沉钒并灼烧脱氨,即可获得纯度达99.5%的V_2O_5产品,钒收率超过85%的焙烧废气CO_2可回收用于碳酸化浸取,离子交换尾液与沉钒尾液可用于制造复合肥料。离子交换和沉钒两工序排放的尾液主要成分为NH_4Cl和NH_4HCO_3,对周围环境不会产生有害影响,还可用于作制造复合肥料的掺料。此外,浸渣中富含钙和镁,有望在建材工业领域中得到综合利用,即可用于制造水泥和制砖等。与传统的氧化钠化焙烧工艺比较,该工艺的经济效益显著。

4. 提钒矿渣的综合利用

将含钒石煤提钒后的矿渣收集起来,加以分选,得到两类矿渣:含放射性高的矿渣及放

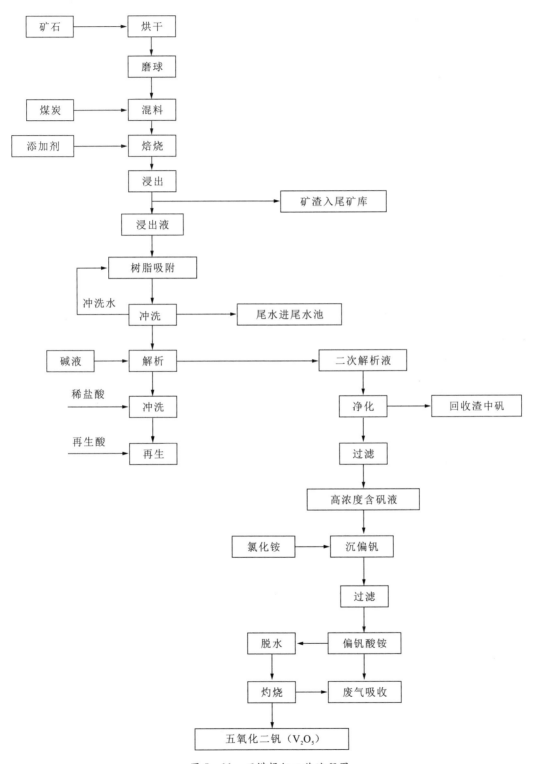

图 5-11 石煤提钒工艺流程图

射性低于国家标准的矿渣。将含放射性高的矿渣加以回收处理使其放射性元素含量低于国家标准。对于符合国家标准的矿渣可有以下 3 种用途(图 5-12)。

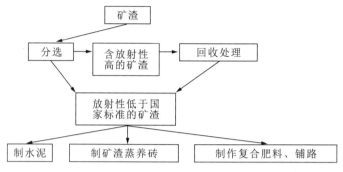

图 5-12　石煤提钒矿渣的综合利用流程图

1)制水泥

粉煤灰是原煤经过粉磨后吹入发电机组中进行燃烧后的粉灰状废渣,粉煤灰体轻、比表面积大,大部分颗粒经过在发电机组中燃烧而产生裂纹,增加了离散性,使粉煤灰较强的活性难以发挥,粉煤灰主要成分 SiO_2、Al_2O_3 及 Fe_2O_3 都有较高的活性和较好的流动性。

2)制矿渣蒸养砖

矿渣蒸养砖的推广应用,不仅可取代黏土砖,而且可利用各种废灰、废渣,变废为宝,改善自然环境;同时,也大力促进了新型墙体材料的发展,提高了建筑水平,增加了经济社会效益。

3)制作复合肥料、铺路

剩余矿渣中含有丰富的矿质元素,N、P、K 及各种微量元素十分丰富,完全可以满足农业生产的要求;此外,用矿渣铺路也是对矿渣利用的一个十分重要的方面。

第六章　聚煤规律和石煤勘查靶区圈定

第一节　聚煤作用分析

我国湖南省含石煤地层有上震旦统陡山沱组、灯影组及下寒武统牛蹄塘组。陡山沱组、灯影组的石煤分布、厚度、质量最差，一般仅局部发育。牛蹄塘组是湖南省重要的含石煤地层。

牛蹄塘组的成煤地质背景是湖南处在江南浅海区的中部，其东南侧为珠江陆缘浅海区，其西北侧为扬子浅海区。牛蹄塘组沉积初期，江南浅海区为一中部略向北西突起、沿北东—近东西向延展的弧形隆起，其两侧分布一系列与之近似平行的次级隆起与凹陷。海水由西南经广西、贵州浸入湖南东山界、大庸—常德、凤凰—新晃以及会同、株洲、浏阳等地，这些地区仍露出水面遭受剥蚀，其他地区则被海水淹没成为海湾。至牛蹄塘组沉积中晚期，湖南大部分地区成为浅海，仅浏阳、株洲一带露出水面成为半岛。沉积物主要来自半岛及珠江浅海东南侧的华夏古陆。由于地壳不均衡沉降影响，海底古地形十分复杂。

牛蹄塘组沉积时期，湖南为广阔浅海。由于双牌—衡东及雪峰山等水下高地的阻隔，由南至北，水动力条件逐渐减弱，因而水下盆地中的海水滞流，加之当时海水表层温度、含盐度适宜，低等生物大量繁殖，在强还原—还原的沉积环境下，形成的腐泥质经煤化作用和变质作用而成为石煤。

一、古地理与沉积环境

早寒武世早中期（牛蹄塘组沉积时期）湖南处于广海陆棚至边缘海槽盆环境。海底地形西北高、东南低，水体向东南逐渐加深。沉积物主要为浑水砂泥质、钙泥质、硅质等。自西北向东南依次划分为局限台地相区、台地边缘浅滩相区、陆盆前缘斜坡相区、陆坡上部相区、陆坡下部相区、边缘海槽盆相区（图6-1）。

牛蹄塘组下段以含大量磷质结核及浸染状黄铁矿结核为特征，偶夹沉积型重晶石富集层和薄层粉屑磷块岩、磷灰岩，发育微侵蚀面和粒序层理等沉积构造，总体属于深海盆地环境。牛蹄塘组下段在湘西北、湘中局部具有还原闭塞滞留海盆特征，在湘南地区则在深海盆地中发育有浊流沉积。

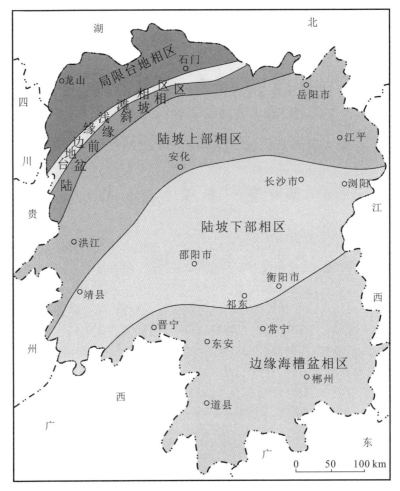

图 6-1 湖南省下寒武统沉积相图

牛蹄塘组上段在湘西北地区为浅海陆棚至深海陆棚沉积的极薄层碳质泥岩夹薄层硅质岩,见黄铁矿结核和磷质结核。向北西方向出现砂质夹层,产三叶虫及海绵骨针化石,显示了向北西方向沉积环境相对变浅。湘中地区为滞留海盆—斜坡相沉积的黑色中厚层碳质板岩、黑色薄层硅质岩夹硅质碳质页岩。湘南地区为下斜坡—深水盆地环境沉积的黑色碳质板岩和灰绿色泥质粉砂岩互层,具鲍马序列组合特征。

黑色岩系微量元素中 As、Se、Ba 等的富集构成识别热水沉积作用最主要的标志。元素分析测试结果显示,研究区含钒石煤矿层中 Zn、Cr、As、Se、Ba、V 元素含量异常富集(表 6-1,图 6-2),其中 As 含量最高值为 504.10×10^{-6},大于 100×10^{-6} 标值,富集系数为 248,高度富集;Se 在含钒石煤层中含量最高值为 61.02×10^{-6},富集系数为 678,高度富集;Ba 在含钒石煤矿层中含量最高达 1.70%,富集系数 37,高度富集。异常富集的 As、Se、Ba 元素表明调查区牛蹄塘组含钒石煤层的沉积环境与海底热液作用密切相关。

表 6-1 湖马池剖面牛蹄塘组微量元素测试结果

样品编号	Cr/10^{-6}	Zn/10^{-6}	As/10^{-6}	Se/10^{-6}	Ba/%	V/%
YP01	0	25.89	113.92	61.02	0.40	1.03
YP02	0	29.64	17.02	0	0.20	1.63
YP03	17.40	31.07	20.44	0	0.30	0.15
YP04	61.09	32.54	20.70	0	0	0.03
YP05	31.12	35.89	33.95	0	0.50	0.05
YP06	198.13	44.65	504.10	0	1.70	1.01
YP07	383.67	31.50	48.43	36.99	0	0.63
YP08	643.32	32.06	48.06	19.96	0	0.93
YP09	40.95	28.35	12.24	0	0.10	0.09
YP10	50.19	26.74	15.15	0	0.10	0.21
YP11	192.85	27.94	104.68	7.06	0.30	0.51
YP12	395.54	27.45	28.10	0	0	0.64
YP13	205.02	31.34	24.60	0	0	0.38
YP14	58.75	67.55	35.47	13.65	0	0.16
YP15	65.20	29.31	13.18	0	0	0.08
YP16	39.45	32.36	14.86	0	0	0.24
YP17	87.25	29.86	26.72	0	0	0.09
YP18	25.08	45.15	9.67	0	0	0.06
YP19	77.78	32.89	14.96	0	0	0.07
YP20	92.69	46.34	25.33	0	0	0.06
YP21	37.18	39.15	29.78	0	0	0.06
YP22	30.46	47.93	38.09	0	0.30	0.06

二、聚煤规律

(一)石煤沉积环境概述

早寒武世湖南省全区均为海域沉积区,总体呈现西北高、东南低的特征,湘西北为滨浅海沉积环境。早寒武世早期发生海侵,同时该时期为全球型"大洋缺氧环境"的发育时期,发育了缺氧型的碳质泥岩沉积,石煤即为最典型的代表。早寒武世中期为碎屑岩台地向碳酸盐岩缓坡型台地的转化期,研究区的沉积地层普遍表现出碎屑岩与碳酸盐岩的混合沉积特征。早寒武世晚期已基本进入缓坡型碳酸盐岩台地演化阶段。总体来看,与中晚寒武世相比,早寒武世显著特征表现为形成广阔的碎屑岩滨浅海沉积区。

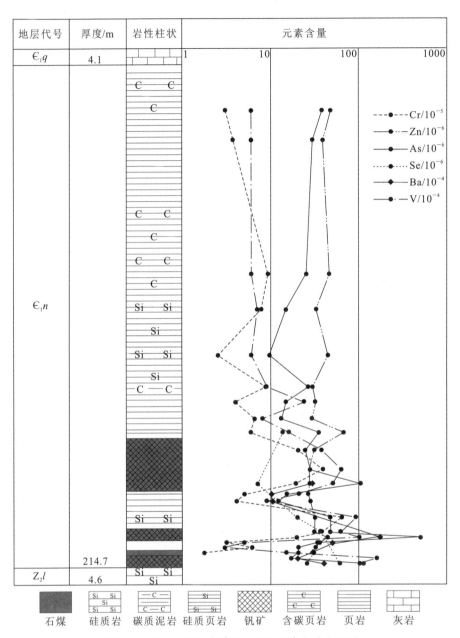

图 6-2 湖马池剖面牛蹄塘组微量元素含量变化图

(二)石煤分布特征

石煤是我国南方"黑色岩系"的重要代表,其形成受控于所在区域的构造演化。雪峰运动以后,雪峰山一带形成了一个北北东—北东东向、略向西北突起近似弧形的雪峰山隆起带(水下古隆起,江南地轴的一部分),奠定了湖南石煤层沉积前古构造的基本格架,也控制了石煤层系的分布范围和发育特征,其中以雪峰隆起带及其两侧含煤性最好。湖南省湘西地区石煤资源最为丰富,几乎全区牛蹄塘组均有石煤发育,但自西北向东南沉积环境的变化导致聚煤环境变差,湘中、湘东南石煤发育条件不佳,在今后的实际勘查中也验证了上述研究的正确性。

(三)石煤受控制因素

富石煤带(发热量高、厚度大、比较稳定),受次级水下高地控制。海洋环境的变化控制着生物的生存,不同的沉积环境对各种生物生存和死亡后的埋藏具有不同的影响。前人研究发现了海绵骨针和底栖藻类等化石,海绵主要生活在浅海地带的静水环境中,而相关底栖藻类也大多数生活于浅水环境,一般不能在阳光带(200 m)下的盆地底部生存。石煤由菌藻类等生物遗体经腐泥化作用和煤化作用转变而成,显然,生物种群发育程度是石煤发育的根本条件。含煤性较好的石煤带,主要分布在盆地或其边缘斜坡地带,盆地沉降幅度一般在100~200 m之间。覆水更深或过浅,一般含煤性逐渐变差。

(四)石煤形成阶段特征

富石煤带在空间上,主要集中分布在湘西北浅海和湘中浅海的过渡地带,远离此带,石煤层厚度变薄,发热量亦有随之降低的趋势;时间上,牛蹄塘早中期为石煤层主要沉积阶段。随着雪峰山隆起的持续进行,聚煤中心由西北向东南迁移,从湘西北向湘东南,成煤期由早期逐渐移至中期,个别延至晚期。

第二节 石煤勘查靶区圈定

一、后期构造对煤系的改造作用

湖南位于扬子准地台(雪峰期)和南华准地台(加里东期)两个不同性质的大地构造单元的分区地带。湘西北属于扬子准地台;湘中和湘东南属于南华准地台。扬子准地台又可划分为八面山褶皱带、江南地轴两个二级构造单元。南华准地台,可划分为雪峰东缘加里东褶皱带、湘东湘南加里东印支穿插褶皱带、鄱汝加里东褶皱带、湘东燕山喜马拉雅块断带。后期改造期地壳运动由北向南逐步变强。

(一)扬子准地台

1. 八面山褶皱带

八面山褶皱带由次级向、背斜组成,主要含石煤地层仅在背斜核部及向斜两翼的龙山茨岩塘、石门东山峰、临湘出露。地层走向自西向东,由北北东或北东向折转为近东西向。次级褶皱发育,并伴有较多的走向断裂。其他地区被上古生界到中生界覆盖。

2. 江南地轴

江南地轴自雪峰运动以后为一叠隆起,由幕阜山隆起、洞庭坳陷、冷家溪隆起、洪江隆起、新晃隆起、黔溆鞍部构造、沅麻构造盆地、古丈隆起组成。除沅麻构造盆地、洞庭坳陷被中新生界掩盖外,其他地区出露板溪群及震旦系。主要含石煤地层仅在两翼或倾没处保留比较完整。黔溆鞍部构造,含石煤地层主要沿次级向背斜不连续出露。地层走向为北北东向或北东向,褶皱和断裂较发育,对石煤层有一定的破坏。

(二)南华准地台

1. 雪峰东缘加里东褶皱带

雪峰东缘加里东褶皱带背斜核部和西翼,含石煤地层遭受破坏。出露板溪群和震旦系,仅在东翼一带断续出露含石煤地层。地层走向,在南部为北北东向或北东向,新化一带呈北东向或北东东向,至安化一带转为近东西向。褶皱发育,断裂以走向、斜交断裂为主。

2. 湘东湘南加里东印支穿插褶皱带

湘东湘南加里东印支穿插褶皱带主要受加里东和印支运动的影响,自北而南隆起和坳陷相间呈向西突出的弧形排列,主要含石煤地层仅出露于隆起区,地层走向各地不一,一般为北北东向和近东西向。次级褶皱发育,伴生有较多断裂,对石煤层的连续性有一定的破坏。其他地区均被上古生界、中生界覆盖。

3. 鄞汝加里东褶皱带

鄞汝加里东褶皱带由次级复式背斜组成,背斜核部主要含石煤地层大部分被剥蚀,出露震旦系。仅在汝城保留有零星的含石煤地层,局部地区被上古生界和中生界覆盖。地层走向一般为北西向或近东西向。褶皱、断裂较发育。

4. 湘东燕山喜马拉雅块断带

湘东燕山喜马拉雅块断带由走向北东40°的断块形成的隆起和坳陷组成。在隆起的浏阳、衡山一带,出露板溪群,其他地区被上古生界和中生界覆盖。仅在南端安仁大石林场出露含石煤地层,地层走向呈北东向,褶皱、断裂发育。

二、石煤重点调查区及靶区圈定

(一)远景区圈定

含石煤远景区圈定采用野外踏勘、综合分析评价的方法。本书在野外踏勘的基础上,系统收集区域地质、物化探和石煤以及相关矿产地质资料,进行初步分析,在湖南省范围内圈定3个石煤远景区,分别为湘西北石煤远景区、湘中石煤远景区和湘东南石煤远景区(图6-3)。

(二)重点调查区优选

本书在圈定了湖南省3个石煤远景区后,全面系统收集了3个石煤远景区的石煤及伴生矿产的相关资料,并对石煤远景区进行野外踏勘和系统评价,优选了4个石煤重点调查区(图6-4)。

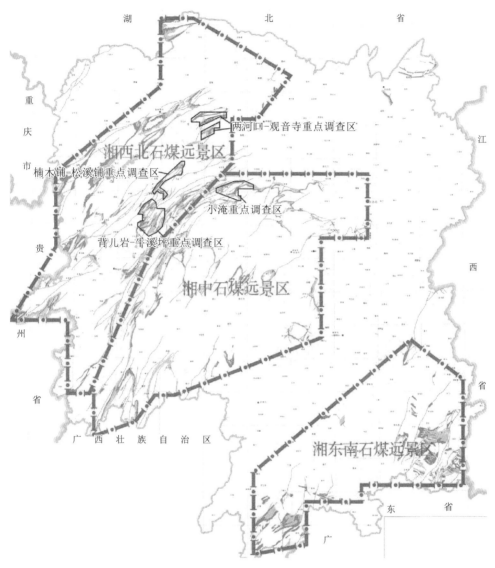

图6-3 湖南省石煤远景区分布图

(三)勘查靶区圈定

本书在两河口-观音寺和楠木铺-松溪铺重点调查区采用1∶5万专项地质调查、实测地质剖面测量、探槽及样品测试分析等手段,对含石煤地层及石煤层的分布范围、厚度及埋深情况、空间分布关系、规律及其伴生矿产(钒、镉、镍、钼等)赋存情况进行了综合研究与分析,在此基础上,并对两河口-观音寺和楠木铺-松溪铺重点调查区石煤层的厚度、发热量及资源量进行了详细的计算与分析,分别圈定了马金洞、镰刀湾勘查靶区和蒙福庵、三门勘查靶区。

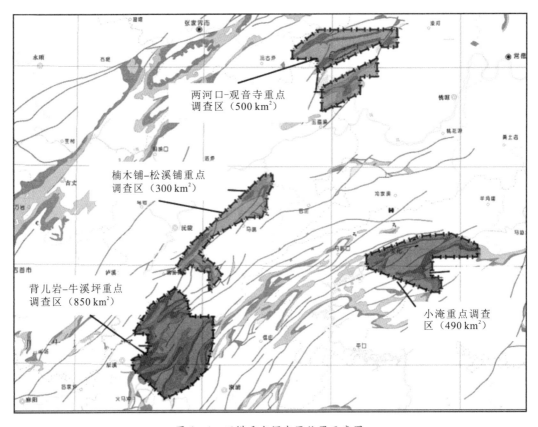

图 6-4 石煤重点调查区位置示意图

1. 两河口-观音寺重点调查区

本书依据野外地质调查观测到的石煤层分布范围、揭示的石煤层厚度、样品分析测试结果及资源量估算结果,初步圈定了马金洞和镰刀湾 2 处勘查靶区。

1)马金洞勘查靶区

(1)靶区内地质简况

该靶区处于郭家界复背斜北翼、钟家铺向斜东段南翼,面积 8.8 km²。地层由老至新依次为老堡组、牛蹄塘组、石牌组、清虚洞组、敖溪组、车夫组。地层走向 NEE,倾向 NNW,倾角 20°~47°。靶区周围均有断层控制,南部发育郭家界逆断层,北部发育千丈河逆断层,东部被理公港平移逆断层切截。靶区内部构造条件简单,无断层发育。靶区内水系发育,千丈河由西北向东南贯穿靶区。

(2)圈定依据

该靶区控制程度相对较高,布设有高密度电阻率法测线 G1 控制构造形态,有实测地质剖面 P02、P03 和槽探工程 TC05、TC06、TC07 控制石煤厚度,并进行采样分析测试,且有邻近王家坪钒矿详查区钻孔资料做参考。

靶区内含石煤岩系厚度分布稳定,走向长近 10 km,石煤层厚度为 25.73~41.66 m,平均

33.73 m，横向变化由东向西略有变薄，总体厚度较大。石煤层大部分可采，靶区内有多处石煤露天采场(图6-5)，很好地揭示了靶区内石煤发育好。石煤发热量为994.6 kcal/kg，发热量较高。

图6-5 马金洞勘查靶区石煤采场揭露石煤照片

TC07样品分析测试结果显示，靶区内牛蹄塘组底部石煤层局部伴生钒矿层，厚度约为47.08 m，V_2O_5品位高达1.02%，可与石煤共采，经济效益较高。

2) 镰刀湾勘查靶区

(1) 靶区内地质简况

该靶区处于栗子沟向斜东端，北起舒溪向南直至镰刀湾，面积为11.2 km²。向斜轴部地层为石牌组，两翼地层为牛蹄塘组、老堡组、陡山沱组，牛蹄塘组底部为含石煤层段。靶区内，向斜轴向NE-SW，向SW端仰起，北翼地层倾向SE，倾角15°~41°，南翼地层倾向NW，倾角36°~68°。靶区周围东部被姚家冲逆断层切断，南西部为望阳山，海拔918 m，为调查区内最高山峰，北部以舒溪为界。靶区北部发育舒溪，横贯东西，水系发育。

(2) 圈定依据

靶区内含石煤岩系厚度分布稳定，厚度较大。测有镰刀湾剖面(P6)，其中含石煤层上覆地层为下寒武统石牌组，灰白色绢云母页岩；下伏地层为下震旦统老堡组，黑色薄层状硅质岩，岩性特征见表6-2。

表6-2 镰刀湾剖面(P06)含石煤岩系

岩性及编号	厚度/m
8. 黑色页岩，薄层—中层状，水平层理发育，泥质含量高，风化呈灰白色	100.50
7. 黑色高碳页岩，即石煤层，薄层—中厚层状，水平层理发育，含粉砂质，断口可见亮晶光泽，具粗糙感，发育磷质结核，污手	48.38
6. 灰绿色—灰褐色粉砂质页岩，中厚层状，水平层理发育，含硅质，节理较为发育，中部夹灰绿色泥质页岩，风化后呈土黄色	6.82

续表6-2

岩性及编号	厚度/m
5. 黑色页岩,薄层状,含硅质,粉砂质结构,发育大型X型剪节理,可见磷铁矿结核,层面氧化呈红褐色	16.10
4. 灰褐色薄层状粉砂质页岩,水平层理发育,硬度大,节理发育,夹薄层硅质岩	0.92
3. 黑色碳质页岩,中厚层状,水平层理发育,碳泥质结构,硅质含量高,质硬,发育两组节理,层面氧化呈褐色,轻度污手	6.27
2. 黑色碳质页岩,薄层状,水平层理发育,夹黑色中层状硅质岩,碳泥质结构,含硫质、铁质层面氧化呈黄褐色,发育直径1.5~2cm黄铁矿结核,岩体较为破碎,污手	3.65
1. 黑色页岩,薄层状,水平层理发育,粉砂质结构,发育两组节理,层面氧化呈褐色,不污手	3.62

本书在综合分析地质填图、实测剖面及实验分析等各项调查手段取得的成果得出,该靶区含石煤岩系厚度分布稳定,平均厚197 m,厚度较大。石煤层分布稳定,在向斜南翼靠近转折端处较发育,出露厚度较大,厚度约45.19 m,横向变化由西向东逐渐变薄。靶区内断层不发育,石煤层大部分可采,靶区内镰刀湾处有一石煤露天采场(图6-6),很好地揭示了靶区石煤发育情况。石煤发热量为919.1 kcal/kg,发热量较高。

图6-6 镰刀湾勘查靶区石煤采场揭露石煤

2. 楠木铺-松溪铺重点调查区

依据野外地质调查观测到的石煤层分布范围、揭示的石煤层厚度、样品分析测试结果及资源量估算结果,圈定了蒙福庵、三门石煤勘查靶区。

1)蒙福庵石煤勘查靶区

(1)靶区内地质简况

该靶区处于凉水井镇东约 3 km,西起蒙福庵,东至王子岭,面积 7.8 km²,顺地层走向长宽约 2 km,顺地层倾向长约 2.5 km。南起五强溪水库,北至蒙溪。区内有县道与省道 S319 连接,交通方便。该靶区位于湖田溶向斜北部仰起端,走向北西。区内出露地层为牛蹄塘组,地层倾角平缓,变化不大。构造简单,无断层发育。

(2)圈定依据

该靶区控制程度相对较高,控矿工程有 TC03、P04、P06 等,并进行采样分析测试。综合分析地质填图、实测剖面、槽探揭露及实验分析等各项调查手段取得的成果得出,靶区内含石煤岩系厚度分布稳定,走向长近 2 km,发育 2 层石煤,石煤层厚度 I 矿层为 7.93~31.2 m,平均 15.6 m,II 矿层为 28.73 m,出露厚度较大,横向分布稳定,总体厚度较大。石煤层大部分可采,靶区内有一处石煤露天采场(图 6-7),很好地揭示了靶区内石煤发育情况,石煤发热量为 924.1 kcal/kg。

图 6-7 蒙福庵勘查靶区露天采场揭露石煤情况

样品分析测试结果显示,靶区内牛蹄塘组底部石煤层伴生钒矿层(I_V),厚度约为 19.78 m,V_2O_5 品位高达 1.20%,可与石煤共采,经济效益较高。中部 II_V 钒矿层厚约 76 m,品位 94%,发育较好,工业价值较高。

2)三门石煤勘查靶区

(1)靶区内地质简况

该靶区处于楠木铺乡三门村,南起白金坪,北至老三门,面积 8.9 km²,顺地层走向长宽约 4 km,顺地层倾向长宽约 2 km。区内有县道与省道 S319 连接,交通方便。该靶区位于白金坪向斜北段,总体呈北西走向,西翼地层产状 194°∠18°、东翼地层产状 299°∠55°。区内出露地层为牛蹄塘组,地层倾角平缓,变化不大。构造简单,无断层发育。

(2)圈定依据

该靶区控制程度相对较高,控矿工程有 TC01、P01 等,并进行采样分析测试。综合分析地质填图、实测剖面、槽探揭露及实验分析等各项调查手段取得的成果得出,靶区内含石煤岩系厚度分布稳定,发育Ⅱ石煤矿层,厚度平均 11 m,出露厚度较大,横向分布稳定,总体厚度较大。石煤层大部分可采,很好地揭示了靶区内石煤发育情况,发热量为 912.5 kcal/kg,发热量较高。

样品分析测试结果显示,靶区内牛蹄塘组中部石煤层伴生钒矿层(Ⅱv),厚度为 3.2~5.43 m,V_2O_5 品位为 0.43%,可与石煤共采,经济效益较高。

第七章 调查区域开采条件特征

第一节 水文地质条件

一、两河口-观音寺重点调查区

(一)区域水文地质

本区为丘陵地形。最低海拔标高 165 m,位于调查区东部粟子坡溪沟处;最高海拔标高 512.9 m,位于调查区中部南边;相对高差 347.9 m,地势总体南部高、北部低,中部形成低洼沟地,海拔标高 250～450 m。地形坡度一般为 15°～30°,但局部较陡形成陡崖。山顶多呈馒头状,地形切割不甚强烈。区内溪流及季节性冲沟等地表水系较发育,主要有王家坪、粟子坡溪(沟)等。

(二)气候

本调查区距慈利县直线距离约 40 km,距桃源县约 65 km,距常德市约 75 km,故本调查区气象资料引用距调查区最近的慈利县的气象资料。

该区属亚热带山地型季风湿润气候区,气候温和,雨量充沛,冬冷夏热,四季分明。据慈利县气象局历年观测统计资料,全年平均气温 13.4 ℃,极端最高气温 40.7 ℃,极端最低气温 −15 ℃,最冷月(1月)的月平均气温 1.6 ℃,最热月(7月)的月平均气温 29.7 ℃,无霜日 240～303 d,有效日照时数 1300～1600 h。年降雨量 1417～1518 mm,日最大降雨量(暴雨) 240 mm;年蒸发量 970～1400 mm,年降雨日 138～180 d,年平均相对湿度 77.93%。冷冻出现在 12 月中旬至次年 2 月,最大积雪深度 180 mm。年主导风向为西北风,年平均风速 1.6 m/s,最大风速 17 m/s,瞬时最大风速 30 m/s。

(三)岩性及水文地质特征

各地层的水文地质特征如下。

1. 下震旦统南沱组(Z_1n)

南沱组分布于调查区的南部。上部岩性为暗灰色块状含砾砂岩,中下部岩性为含砾泥岩。砾石成分以石英、石英砂岩为主,砾石磨圆度较差。砾径以 0.5～1 cm 居多,个别大于

10 cm。厚度241.31 m。浅部风化裂隙较发育,但延伸短,呈闭合状。自上而下,风化型裂隙由强至弱。在调查区进行水文地质调查时,未发现有泉水出露。根据区域水文地质资料,此岩层微含裂隙水,富水性贫乏,属相对隔水层。

2. 上震旦统陡山沱组（Z_2ds）

陡山沱组分布于调查区的南部。岩性为深灰色薄层—中层状白云岩,发育硅质条带,夹碳质板状页岩、绢云母板状页岩、硅质岩。厚度4～10 m。节理裂隙较发育,以层间裂隙为主。在调查区进行水文地质调查时发现,地表岩溶发育主要为溶沟溶槽,无明显的溶洞。调查区受地形条件的限制,地表无泉水出露。根据区域水文地质资料,此岩层含岩溶裂隙水,富水性中等。

3. 上震旦统老堡组（Z_2l）

老堡组下部岩性为深灰色、黑色中薄层状硅质岩,中部岩性为黑色碳质板状页岩,上部岩性为黑色中薄层状硅质岩。厚度81 m。岩层裂隙较发育,但延伸短,呈闭合状,透水性弱。在调查区进行水文地质调查时发现,此层位发育泉水的原因主要是陡山沱组白云岩中的岩溶裂隙水在地下渗流到本组的页岩地段受阻,其次是植被发育的表层风化层中的地下水在裂隙运动中受阻。在本层的隔水作用和地形切割有利条件下,泉水溢出地表,但泉水流量很小（$Q<1$ L/s）。根据区域水文地质资料,上震旦统老堡组硅质岩、碳质页岩,富水性弱至贫乏,属相对隔水层。

4. 下寒武统牛蹄塘组（ϵ_1n）

牛蹄塘组岩性为黑色薄层状碳质页岩、板状碳质页岩,部分为绢云母页岩。厚度281.59 m。牛蹄塘组含矿系岩层,为薄层状,发育的裂隙延伸短,多呈闭合状,透水性弱,在个别地形切割有利地段有泉水出露。此层位发育泉水和钻孔自流水的原因,主要是调查区北部清虚洞组灰岩深部裂隙水在地下渗流受阻,其次是植被发育的岩层风化层中的地下水在裂隙发育地段产生运动。在矿层的隔水作用下,泉水在地形切割条件下溢出地表,钻孔形成自流水,一般钻孔位置处于地形低洼地段,但其泉水和钻孔自流水流量很小（$Q<1$ L/s）。根据区域水文地质资料,此含矿系岩层富水性弱至贫乏,属相对隔水层。

5. 下寒武统石牌组（ϵ_1s）

石牌组分布在调查区北部。下部岩性为黑色钙质绢云母页岩夹碳质页岩,上部岩性为青灰色钙质页岩夹少量灰质云岩。厚79.84 m。页岩中裂隙发育,但延伸短,呈闭合状,透水性极弱。在调查区进行水文地质调查时,未发现明显的泉水出露。根据区域水文地质资料,下寒武统石牌组钙质页岩,富水性弱至贫乏,属相对隔水层。

6. 下寒武统清虚洞组（ϵ_1q）

清虚洞组分布于调查区的北部。下部岩性为灰色、深灰色中薄层状粉—细晶灰岩,具云质泥质纹层组成的条带,上部岩性为深灰色厚层状白云岩、云质灰岩、灰岩夹青灰色钙质页岩。厚度88 m。泉水流量随季节性变化较大,特别在丰水期,其泉水流量明显增大,当地居民作饮用水和灌溉水。此层含岩溶裂隙水,富水性中等。在调查区的东部粟子坡溪沟和横岩靖溪沟,地表水径流到此地层岩性段时,溪沟地表水全部隐伏至地下,地表水隐伏长度达

450 m。根据区域水文地质资料,水质类型以 $HCO_3 - Ca \cdot Mg$ 水为主,矿化度小于 1 g/L。

7. 中寒武统敖溪组($\epsilon_2 a$)

敖溪组分布在调查区北部的外围。下部岩性为深灰色、黑色灰质页岩、云质页岩、钙质页岩夹少量硅质岩,中上部岩性为深灰色中厚层泥质云岩夹泥质灰岩、碳质页岩。厚度134.12 m。层间裂隙较发育,但裂隙延伸短,多呈闭合状,透水性强。在调查区进行水文地质调查时,未发现有明显的泉水出露。根据区域水文地质资料,此岩层的富水性弱至贫乏,属相对隔水层。

8. 下寒武统车夫组($\epsilon_3 c$)

车夫组下部岩性为灰色、深灰色中厚层纹层条带瘤状灰岩、泥质灰岩,中部为深灰色、灰色中薄层、中厚层含云质硅质条带泥晶灰岩,上部为灰色中薄层条带状泥质灰岩。厚度885 m。在调查区进行水文地质调查时发现,地表溶沟溶槽较发育,见明显的岩溶现象,层间裂隙较发育,但裂隙延伸较短,透水性强,未出露有明显的泉水。根据区域水文地质资料,此层突水性中等。

(四)地下水的补给、径流、排泄

1. 地下水的补给条件

地下水的主要补给来源为大气降水。调查区为裸露型和覆盖型岩溶区,灌木发育较好,大气降雨直接经过地表或面流的形式渗透补给。调查区的上震旦统陡山沱组($Z_2 ds$)白云质灰岩、白云岩,下寒武统清虚洞组($\epsilon_1 q$)灰岩,上寒武统车夫组($\epsilon_3 c$)瘤状灰岩、泥质灰岩,为含岩溶裂隙含水层。第四系全新统冲洪积为孔隙含水层。下震旦统南沱组($Z_1 n$)、上震旦统老堡组($Z_2 l$)、下寒武统牛蹄塘组($\epsilon_1 n$)、下寒武统石牌组($\epsilon_1 s$)、中寒武统敖溪组($\epsilon_2 a$)页岩、碳质页岩,属相对隔水层。

2. 地下水的径流条件

调查区地下水迁流形式主要为岩溶裂隙管道混合型。大气降雨直接通过地表或面流渗透补给调查区含水层的过程中,地下水迁流为溶蚀裂隙水,它沿岩溶裂隙洞穴管道系统渗漏与运移,呈暗河或溶洞泉水的形式排泄于调查区的低洼(溪沟)地带。溶洞泉水一般沿裂隙交汇面或裂隙与岩层交汇面,经溶蚀—崩垮—再溶蚀发育而成,流量大小不一,视水的补给区范围而定,泉水流量为1.14L/s,且皆出露于溪沟边或低洼地带,泉水皆为下降泉。根据以往资料,地下静止水位标高一般为 115.97～283.23 m。调查区发育溶洞多位于地下水位以上,故地下水迁流为管道型,地下水位变动带标高在116～283 m,变幅167 m,在调查区范围的地下水以水平运动为主。在地下水位变动带以上,地下水以大气降水直接补给灰岩岩溶含水层,在含水层内以垂直运动为主。

3. 地下水的排泄条件

根据调查区水文地质测绘资料,调查区地下水以泉水和岩溶溶洞泉水的形式排泄于调查区的低洼地带。

二、楠木铺-松溪铺重点调查区

(一)区域水文地质

本区为低山丘陵地形,境内山丘重叠,峰峦起伏,地貌轮廓自西南向北东倾斜,呈一狭长地带,南北长约 353 km,东西宽约 229 km。东南部雪峰山脉呈弧形盘踞,西北部为武陵山脉所绵延,中间丘岗起伏,形成若干盆地。地势最高点为雪峰山脉之主峰苏宝顶,海拔标高 1934 m;最低为沅陵的界首,海拔仅 45 m。相对高差 1889 m。东西两侧高峻,南部突起,向中北部倾斜,呈撮箕形,向北东撇口。地形复杂,整体上山坡较陡,冲沟发育。

(二)气候

本区属中亚热带季风湿润气候区。主要气候特点表现为四季分明,热量充足,雨水集中,严寒期短,暑热期长,夏秋多旱。温度最高在 7 月,平均 27.8 ℃,变化幅度在 25.9~29.6 ℃之间。1 月温度最低,平均 4.7 ℃,变化幅度在 2.1~6.9 ℃之间。平均气温为 16.6 ℃,年际变化幅度在 15.8~17.8 ℃之间。极端最高气温 40.3 ℃,出现在 1972 年 8 月 27 日;极端最低气温 13 ℃,出现在 1977 年 1 月 30 日。

(三)岩性及水文地质特征

各地层的水文地质特征如下。

1. 上震旦统老堡组(Z_2l)

老堡组为一套黑色中薄层状与条带状硅质岩,岩石坚硬、致密、性脆,裂隙较发育,但延伸短,分布于山岭地带,常组成分水岭,弱含裂隙水。区内泉水出露少,常以脉状涓涓细水排泄于沟谷之中。

2. 下寒武统牛蹄塘组(ϵ_1n)

牛蹄塘组岩性为黑色薄层状碳质页岩、板状碳质页岩,部分为绢云母页岩,底部为一层石煤。牛蹄塘组含矿系岩层,为薄层状,发育的裂隙延伸短,多呈闭合状,透水性弱,弱含裂隙水。地表未见泉水出露。

3. 下寒武统清虚洞组(ϵ_1q)

清虚洞组分布于本区湖田溶等地。下部岩性为灰色、深灰色中薄层状粉—细晶灰岩,具云质泥质纹层组成的条带,上部岩性为深灰色厚层状白云岩、云质灰岩、灰岩夹青灰色钙质页岩。泉水流量随季节性变化较大,特别在丰水期,其泉水流量明显增大,当地居民作饮用水和灌溉水。此层含岩溶裂隙水,富水性中等。

4. 中上石炭统壶天群灰岩(C_{2+3})

壶天群由灰色至浅灰色中厚层状灰岩及白云质灰岩组成,下部为薄至中厚层状灰岩和泥质灰岩,地表零星出露,含水层岩溶发育,富含岩溶裂隙水。

5. 白垩系红层(K)

白垩系红层为砖红色薄至中厚层状粉砂岩、砂质泥岩及砂岩,分布于本区中部,面积约为调查区的 1/3，含水性弱。

(四)地下水的补给、径流、排泄

1. 地下水的补给条件

地下水的主要补给来源为大气降水。调查区为裸露型和覆盖型岩溶区，灌木发育较好，大气降雨直接经过地表或面流的形式渗透补给。调查区的上震旦统陡山沱组(Z_2ds)白云质灰岩、白云岩，下寒武统清虚洞组(ϵ_1q)灰岩，下寒武统车夫组(ϵ_3c)瘤状灰岩、泥质灰岩，为含岩溶裂隙含水层。第四系全新统冲洪积为孔隙含水层。下震旦统南沱组(Z_1n)，上震旦统老堡组(Z_2l)，下寒武统牛蹄塘组(ϵ_1n)，下寒武统石牌组(ϵ_1s)，中寒武统敖溪组(ϵ_2a)页岩、碳质页岩，属相对隔水层。

2. 地下水的径流条件

调查区地下水迁流形式主要为岩溶裂隙管道混合型。大气降雨直接通过地表或面流渗透补给调查区含水层的过程中，地下水迁流为溶蚀裂隙水，它沿岩溶裂隙洞穴管道系统渗漏与运移，呈暗河或溶洞泉水的形式排泄于调查区的低洼(溪沟)地带。溶洞泉水一般沿裂隙交汇面或裂隙与岩层交汇面，经溶蚀—崩垮—再溶蚀发育而成，流量大小不一。

3. 地下水的排泄条件

根据调查区水文地质测绘资料分析，调查区地下水以泉水和岩溶溶洞泉水的形式排泄于调查区的低洼地带。

三、小淹石煤重点调查区

(一)区域水文地质

小淹石煤重点调查区范围大，总体上属构造剥蚀、低山丘陵地貌区。资水从调查区南面外侧通过，区内有流量较大的河溪由北向南通过调查区汇入资水。区内地形切割较剧烈，坡陡谷深，总体地势北高南低。二级地貌形态有丘陵、山峰、沟谷、洼地、陡崖、河流、溪沟等。区内山林等植被覆盖良好。

区内丘陵、山峰的总体延伸方向为东北向，即与地层走向基本一致。留茶坡组硅质岩常构成山脊，局部为地表分水岭，南北两侧为较低的丘陵，其上覆的含矿地层——牛蹄塘组下部常位于南面山脚的斜坡地带，地势较高。

(二)气候

调查区属亚热带季风气候区，总特点是四季分明，冬冷期短，夏热期长，降水丰富，生长期长。

据区域普查资料，区年平均气温 16.5 ℃，年极端最高气温 40 ℃，年极端最低气温 −13.3 ℃。7月最热，1月最冷。安化地区年平均降雨量 1 718.6 mm，年平均蒸发量 1 123.3 mm，降雨多集中在 3—8 月，占全年降雨量的 70%。

(三)岩性及水文地质特征

调查区靠近资水,含矿层位距资水北岸一般为 1.75～5.5 km。区内地表水系发育,小河、溪纵横,且均向南汇入资水。区内较大的溪流是地下水排泄区,受含水层渗透性的制约,溪流与地下水水力联系一般较弱。资水及区内主要河溪、水库的情况介绍如表 7-1 所示。

表 7-1 区内河溪调查统计表

观测点类别	观测点编号	位置	基点标高/m	测点处河床层位及岩性	流量/$(L \cdot s^{-1})$	观测日期(年-月-日)	备注
溪流(苦竹溪上游)	W1	洞口北	149.5	$\epsilon_1 n$ 碳质板岩	82.0	2006-03-30	估算洪峰流量2311 L/s
溪流	W2	楚凡北、ZK801下游	170.0	$\epsilon_1 n$ 碳质板岩	5.909	2006-03-31	
河流(槎溪)	W3	槎溪公路下	93.0	Q 砂砾层	435.0	2006-04-01	估算洪峰流量 38 100 L/s
河流(玉溪)	W4	岩门、ZK401附近	108.0	Q 砂砾层	450.0	2006-04-02	估算洪峰流量 5250 L/s
溪流	W5	县公墓场北	230.0	$Z_2 l$ 硅质岩	1.0	2006-04-02	
溪流	W6	观音山北东	92.0	Q 砂砾层	300.0	2006-04-30	
溪流	W7	王利冲北西	137.0	$\epsilon_2 w$ 碳质板岩夹泥质灰岩	500.0	2006-05-01	

(四)地下水的补给、径流、排泄

调查区地下水类型浅部以残坡积层孔隙水和板岩等浅变质岩风化裂隙水为主,深部含层间裂隙承压水,均以大气降水渗入为主要补给来源。

调查区沟谷发育,地形切割较剧烈,所以调查区风化裂隙水径流通畅,往往以山脊、山包为中心向四周呈放射状径流。一方面,风化裂隙水具有径流途径短、水力坡度较大的特点。另一方面,各沟谷间风化裂隙水一般不具水力联系,或水力联系微弱。风化裂隙水在沟谷、坡脚以泉或渗流的形式排泄。

调查区牛蹄塘组深部层间裂隙承压水和留茶坡组硅质岩裂隙承压水以浅部留茶坡组硅质岩分布区为主要大气降水渗入补给区,范围有限。另外通过导水裂隙也接受了浅部风化裂隙水的少量越流补给。

调查区深部层间裂隙承压水径流微弱,未发现较大的泉。

四、背儿岩-牛溪坪石煤重点调查区

(一)区域水文地质

背儿岩-牛溪坪石煤重点调查区总体上属低山丘陵地貌区。区内地形切割较剧烈,坡陡谷深,总体地势北高南低。二级地貌形态有丘陵、山峰、沟谷、洼地、陡崖、河流、溪沟等。调查区内山林等植被覆盖良好。区内丘陵、山峰的总体延伸方向为东北向,即与地层走向基本一致。留茶坡组硅质岩常构成山脊,局部为地表分水岭,南北两侧为较低的丘陵,其上覆的含矿地层——牛蹄塘组下部常位于南面山脚的斜坡地带,地势较高。

(二)气候

本调查区地处亚热带,温暖湿润,雨量充沛,气候宜人。据辰溪县气象资料:最高气温40.2 ℃,最低气温－12.1 ℃,年平均气温17.0 ℃。历年1月平均气温5.1 ℃,历年7月平均气温28.3 ℃。每年12月至次年2月为冰雪期,1月至2月常出现较大的间断性冰冻。年最大降雨量为1 780.1 mm,年最小降雨量为95.1 mm,历年平均降雨量为1 335.9 mm。全年盛行西南风,最大风速14 m/s,历年平均风速1.1 m/s。

(三)岩性及水文地质特征

调查区内最大溪流为柿溪,流域面积大于200 km^2,小的溪流有修溪、双溪等,流域面积大于50 km^2。含矿层位牛蹄塘组一般距溪流0.5～2 km,岩性为黑色薄层状碳质页岩、板状碳质页岩,部分为绢云母页岩,底部含一层石煤,厚度约为50 m,矿层以钒为主,品位较高。牛蹄塘组发育的裂隙延伸短,多呈闭合状,透水性弱,弱含裂隙水。地表未见泉水出露。

(四)地下水的补给、径流、排泄

调查区地下水主要靠大气降水来补给,暴雨时水量来势凶猛,退时迅速。据辰溪县资料,调查区内溪流年平均流量为0.246 L/s。

调查区沟谷发育,地形切割较剧烈,所以调查区风化裂隙水径流通畅,往往以山脊、山包为中心向四周呈放射状径流。各沟谷间风化裂隙水一般不具水力联系或水力联系微弱的情况下,风化裂隙水在沟谷、坡脚以泉或渗流的形式排泄。

调查区深部层间裂隙承压水径流微弱,未发现较大的泉。

第二节 工程地质条件

一、两河口-观音寺重点调查区

(一)岩土工程地质特征

调查区岩土体主要为岩石类,按工程地质特征分为可溶岩类和非可溶岩类,其工程地质特征如下。

调查区可溶岩类:为下寒武统清虚洞组灰岩、上震旦统陡山沱组白云岩。其强度较高,岩石坚硬,但局部岩溶较发育。应防止岩溶发育而产生的不良工程地质问题。

调查区非可溶岩类:为下寒武统石牌组页岩、下寒武统牛蹄塘组碳质页岩、上震旦统老堡组硅质岩夹碳质岩页岩。其强度较高,岩石较坚硬。

(二)矿床工程地质条件稳定性评价

(1)调查区矿层底板标高一般低于当地侵蚀基准面,由于调查区矿层顶板本身具有良好隔水性能,岩芯完整,岩体整体性较好,因此调查区矿层开采时,矿层的顶底板围岩不会直接对开采工程造成不良影响,但如果顶板围岩遇到岩层破碎带时,一定要警防围岩顶板破碎带对开采工程造成不良影响。应做到先探后采的采矿程序。

(2)调查区地层岩性较复杂,矿层岩石抗压强度较低,为软质岩石,有可能影响围岩岩石的整体性。调查区断裂构造不甚发育。调查区坑道施工,井位通过基岩风化层,预计洞内的局部直接顶板地段有时会有井巷顶板坍塌事故发生。

调查区矿床采矿属露天开采,在开采时,在局部裂隙较发育地段,对矿层开采有一定影响,在局部地段有可能发生工程地质问题。综合以上工程地质条件,本调查区工程地质条件为中等类型。

二、楠木铺-松溪铺重点调查区

(一)岩土工程地质特征

调查区可溶岩类:为下寒武统清虚洞组灰岩、上震旦统陡山沱组白云岩。其强度较高,岩石坚硬,但局部岩溶较发育。应防止岩溶发育而产生的不良工程地质问题。

调查区非可溶岩类:为下寒武统牛蹄塘组碳质页岩、上震旦统老堡组硅质岩夹碳质页岩。其强度较高,岩石较坚硬。

(二)矿床工程地质条件稳定性评价

(1)调查区矿层顶板均为以薄层为主的薄层至中厚层状泥质、碳质及硅质页岩,夹薄层状硅质岩。岩石表面经风化后常呈碎片状,风化深度一般为 1.5 m。岩石裂块性尚好,一般致密坚硬,节理裂隙虽发育,但多数为密合或为石英脉充填。据两个废弃采石场及桐大湾采石场的边坡现状,岩层多呈直立陡崖,崖高一般 7~10 m,个别可达 16.5 m,稳定性好,未见有明显的滑坡现象。因而矿层及顶板岩层属薄层状结构,以节理裂隙为主,层理发育呈片状或薄板状,岩石边坡的稳定性主要受节理及裂隙的控制。

(2)矿层底板为上震旦统留茶坡组,由一套硅质岩及中厚层状硅质灰岩、石英砂岩等组成。岩石致密坚硬。出露山岭地带,岩层倾角一般 50°~60°,地势陡峻,斜坡坡角一般 40°,岩石较为完整,边坡稳定性较好。

三、小淹石煤重点调查区

(一)矿层

钻孔揭露矿层情况见表 7-2。石煤、钒矿层岩性以黑色薄层状碳质板岩为主(占

70%～85%),夹有中厚层状碳质板岩、薄层状硅质碳质板岩、薄层状硅质岩、中厚层状泥质灰岩等,无软岩。矿层总厚度平均值为 65.87 m。据同类矿床勘探报告,新鲜碳质板岩饱和单轴抗压强度为 29.9 MPa,具水软性。岩层中闭合裂隙、隐形裂隙及微张裂隙发育,裂隙面平整,无充填物。绝大多数(约 80%)矿层岩芯破碎成碎石状、片状等(多用金刚石双管泥浆钻进),少量为较完整的柱状。大部分矿层(55%)处于牛蹄塘组层间裂隙承压含水层中。

表 7-2 钻孔揭露矿层工程地质特征

孔号	矿层		岩性统计				工程地质描述
	孔深/m	进尺/m	薄层状岩石		薄—中厚层状岩石		
			进尺/m	占比/%	进尺/m	占比/%	
ZK1202	88～152	64	54.74	86	9.26	14	薄层岩石,单层厚 0.5～8 cm;薄—中厚层岩石,单层厚 1～25 cm。矿层大都处于隔水层中。岩芯破碎
ZK1201	1.3～77	75.7	64.6	85	11.1	15	薄层厚 0.3～4 cm,中厚层厚 1～25 cm。矿层大都处于层间裂隙承压含水层中。岩芯大多破碎
ZK801	28.75～140.37	111.62	66.22	59	45.4	41	薄层厚 0.3～3 cm,薄—中厚层厚 3～25 cm。矿层处于层间裂隙承压含水层中。岩芯大多破碎
ZK401	7.6～52.72	45.12	28.15	62	16.97	38	薄层厚 0.5～6 cm。石煤、钒矿层大部分处于层间裂隙承压含水层中。岩芯大多破碎
ZK402	40.48～132.42	91.94	41.81	45	50.13	55	薄层厚 0.3～5 cm,薄—中厚层厚 3～25 cm。矿层处于隔水层中。岩芯大多破碎
ZK001	36～99	63	57.45	91	5.55	9	大部分矿层处于隔水层中。大多数岩芯破碎
ZK002	74.24～136.73	62.49	51.67	83	10.82	17	薄层状岩石,厚 0.3～5 cm。矿层处于层间裂隙承压含水层中。大多数岩芯为碎片
ZK1101	64～189	125	92.19	74	32.81	26	薄层岩石,单层厚 0.3～3.0 cm。矿层处于层间裂隙含水层中。大多数岩芯破碎
ZK1901	133～174	41	35.92	88	5.08	12	矿层处于隔水层中。大多数岩芯破碎

据调查,以前开采矿井一般未发生大的安全事故。4线玉溪东岸附近开采钒矿的平硐老窿,曾于近年发生2次冒顶塌方的事故,其中2003年塌方死1人,2004年死4人,共死亡5人。估计当时矿房高10～12 m,宽6～7 m。平硐方向为45°,长70 m。该处现已停采。

根据上述资料,按《矿区水文地质工程地质勘查规范》(GB/T 12719－2021)附录E、附录H的标准(下同)初步评价:矿层一般为镶嵌结构、层状碎裂结构(Ⅲ1型、Ⅲ2型)岩体,完整性差,质量等级为一般—坏。

(二)围岩

顶板围岩:与矿层岩性基本相同,但单层厚度多为中厚层。一般以灰黑色中厚层状碳质板岩为主,夹黑色薄层碳质板岩。一般未风化。岩层节理、裂隙发育,多为闭合、隐形裂隙,大多数钻孔岩芯为碎块、碎片,少数较完整。初步评价:顶板围岩一般为层状或碎裂结构(Ⅱ2型、Ⅲ1型),岩体质量等级为一般—坏,局部地段(ZK002、ZK402附近)岩体质量有所提高。

底板围岩:直接底板为寒武系牛蹄塘组底部,岩性主要为灰黑色、黑色薄层状碳质板岩、薄层状硅质碳质板岩,再往下为薄层状硅质岩,偶见中厚层状含碳泥质灰岩。剖面厚度7～22 m,一般为7～15 m。间接底板为留茶坡组灰黑色、灰白色薄层、中厚层状硅质岩。硅质岩饱和单轴抗压强度68.1 MPa(参照经验数据),水稳性强。

四、背儿岩-牛溪坪石煤重点调查区

(一)岩土工程地质特征

调查区可溶岩类:为下寒武统清虚洞组灰岩、上震旦统陡山沱组白云岩。其强度较高,岩石坚硬,但局部岩溶较发育。应防止岩溶发育而产生的不良工程地质问题。

调查区非可溶岩类:为下寒武统牛蹄塘组碳质页岩、上震旦统老堡组硅质岩夹碳质页岩。其强度较高,岩石较坚硬。

(二)矿床工程地质条件稳定性评价

(1)调查区矿层顶板均为以薄层为主的薄层至中厚层状泥质、碳质及硅质页岩,夹薄层状硅质岩。岩石表面经风化后常呈碎片状,风化深度一般为1.5 m。岩石裂块性尚好,一般致密坚硬,节理裂隙虽发育,但多数为密合或为石英脉充填。据个别废弃采石场开采情况,岩石多呈直立陡崖,稳定性好,未见有明显的滑坡现象,但局部泥质含量较高的岩层有滑坡、泥石流等地质灾害发生的可能性。岩石边坡的稳定性主要受岩性、节理及裂隙的控制。

(2)矿层底板为上震旦统留茶坡组,由一套硅质岩及中厚层状硅质灰岩、石英砂岩等组成。岩石致密坚硬。出露山岭地带,岩层倾角一般50°～60°,地势陡峻,斜坡坡角一般40°,岩石较为完整,硬度较大,边坡稳定性较好。

第三节 环境地质条件

一、两河口-观音寺重点调查区

(一)调查区稳定性

1. 区域稳定性评价

据张家界市城建局档案资料,自新生代以来,东西两部差异性运动显著,西部上升,东部下降。调查区距慈利县直线距离为 40 km,属西部上升区。

慈利-大庸-保靖、大庸-吉首-凤凰两条活动性断裂交汇于大庸县后坪。沿慈利-大庸-保靖活动性断裂带曾发生过震级 1.2(慈利)至 5.0 级(大庸)的地震 8 次,沿大庸-吉首-凤凰活动性断裂带亦曾发生历史地震 8 次。

基于上述地质背景,调查区地震活动比较频繁,据历史记载,共发生 10 多次地震,其中最大烈度为 6 度,最高震级为 5 级。

从上述资料来看,调查区属于低烈度多震区。据目前国内外地震资料,强烈破坏地震往往发生在轻微频繁地震之后,因此,调查区虽然历史上没有发生过强烈的破坏性地震,但不能排除今后有强烈破坏性地震发生的可能。

按《中国地震烈度区划图》划定,调查区处于地震烈度 6 度远震区域。

根据《建筑抗震设计规范》(GB 50011—2010)(2016 年版)有关规定划分,拟建调查区地震基本烈度为 6 度,拟建物应按 6 度抗震要求设防,设计地震分组为第一组,设计地震基本加速度为 $0.05g$,特征周期 $0.35s$。

2. 调查区地形地貌条件

调查区属低山区。标高一般 180～500 m,最高处为调查区中部南边,标高 512.9 m;调查区的最低为调查区东部的栗子坡溪(沟),标高 165 m。地形坡度在调查区一般 15°～25°,局部大于 45°,形成陡崖。

调查区属溶蚀地貌,地表岩溶现象较发育。调查区第四系松散层无塌陷和垮塌现象。

3. 新构造运动

调查区新构造运动以继承性间歇隆起和掀斜运动为主,表现为河谷被侵蚀下切,切割深度约 300 m,溪沟基岩裸露。调查区第四纪以来仍处于缓慢抬升构造环境,但构造运动不甚强烈。

4. 调查区稳定性评价

调查区所在区域稳定性良好。调查区为丘陵区,地形切割较强烈。调查区为裸露型和覆盖型岩溶区,地表岩溶较发育,浅部岩溶对矿体稳定性影响范围主要局限于岩溶发育部位周围,范围有限。调查区新构造运动不甚强烈,新构造运动对调查区稳定性影响较轻。

(二)地质环境现状

调查区地处丘陵区,地形相对高差约 300 m,植被较发育。调查区范围人类经济活动不频繁,工业不发达,人类工程活动对地质环境影响较轻。据调查,调查区内外围有石煤矿开采烧灰活动,并有废弃矿渣,占用耕地和农田。目前采区造成地表变形少,其他人类工程活动较弱,未对地质环境进行改变。总之,调查区人类工程活动对地质环境的影响较轻。

根据调查区外围石煤矿采坑观测,矿坑排出的地下水为褐黄色(含硫化物),未发现其他有害物质。坑道排出的地下水,对地表水和地下水均有一定的危害。对坑道排出的地下水一定要经过处理和过滤,达到环境标准后,才能排泄。在调查区调查时,未发现滑坡、地面塌陷、泥石流、斜坡变形、地裂缝等地质灾害现象。各类地质灾害现状为危险性小。

1. 矿床开采可能对地质环境的影响

开采可能会使地下开采区范围及边坡影响范围地表变形,对地质环境进行改造,为影响较严重区;此外,矿床开采会有矿渣外运,占用林地和农田,对地质环境造成一定的影响。

2. 矿床开采可能对水资源的影响

据前述,石煤开采不会使地下水位大幅度下降,但调查区范围内及附近泉水出露点可能会发生干枯或消失现象,因此矿床开采会对地下水资源造成一定影响。

坑道排水:其一,主要由岩层裂隙水、构造裂隙水等组成,水质类型主要为 HCO_3-Ca 型,水质较好;其二,钒矿开采可能会增加水的悬浮物含量和其他有害物质的成分。未来开采的坑道地下水要经过过滤处理达到环境标准,才能排泄。所以调查区矿坑排水对地表的污染影响较严重。

3. 矿床开采可能诱发的地质灾害

矿层坑道开采时,开采的废石渣只能堆积于调查区的附近地段,形成弃土、废石堆,有产生泥(废)石流等地质灾害的可能,需采取必要的防范措施。

石煤在开采开挖过程中,掘井坑道和钒矿层爆破需要大量的炸药,噪声对环境有轻微的污染。调查区周围泉水露头较高,当地居民多以泉水为饮用水和灌溉水。在开采过程中,可能会使泉水出现消失和干涸现象,可能会引发居民饮用水困难的问题。

4. 调查区地质环境质量评述

石煤为露天开采,采矿可能使采区范围地表植被破坏,但对地质环境破坏局限于采区及可能影响范围附近。调查区内无污染源,无热害,地表水、地下水质较好,排水对附近水体有一定的污染;矿石和废石化学成分含有害物质。综合以上地质环境因素,调查区地质环境质量为较中等。

二、楠木铺-松溪铺重点调查区

调查区为低山丘陵地貌地形,气候潮湿多雨,有利于植被生长。区内自然环境较优美,生态环境良好,未见有明显恶化的环境因素。上震旦统留茶坡组中的裂隙水有一定的腐蚀性,不宜筑库蓄水,只能顺其自然逐渐稀释淡化。此外,本区的天然放射性检查测量及组合样品定量测试结果表明,放射强度不高,有害元素 S、As 及 P 的含量很低,不会对环境有很大的影响,第一环境质量是好的,但采矿后遗弃的废渣、废气及废水是恶化环境的主要因素。因此,在石煤开采及石煤提钒后一定要对"三废"进行及时处理,除矿山开采剥离的废石、泥土及提钒后的烟尘残渣可直接送至渣场堆放外,生产过程中产生的烟气中的稀盐酸可以供回收利用。废水处理应采用两段中和法进行,待达到排放标准后才能排放,以便保护该区的自然环境。

三、小淹石煤重点调查区

(一)自然地质环境背景特点

调查区石煤、钒矿层中 S、P、Fe 等有害元素含量比一般岩层中有害元素含量高,在开采条件下有可能成为污染物进入浅表水土环境。Ⅱ石煤层下部及底板围岩和留茶坡组中放射性 U 元素较为富集,湖南省核工业地质局三〇四大队曾在本矿区开展铀矿地质工作,湖南省地质局区测队曾在Ⅱ石煤层下部及底板围岩中采少量样品进行了放射性铀分析,铀含量为 $0.006\times10^{-2}\sim0.078\times10^{-2}$,平均 0.022×10^{-2}。石煤层暴露过久后,个别矿井有自燃冒烟现象。

(二)水环境污染

据调查和采样分析,调查区地表河溪、水库、水塘一般受人为污染较轻,大部分可作为灌溉水和一般工业用水。玉溪污染较重,主要是上游龙塘镇等处生活污水和青山机械厂、造纸厂和矿山等企业污水排放所致。

调查区污染源主要有:饲料养猪厂等养殖场,日估污水排放量为 $100\sim300$ t/h,未经处理直接排入溪沟;垃圾填埋场,无淋滤液废水处理设施的废水直接排入溪沟;各类小造纸厂均直接排污;矿坑污水排放;生活污水;化肥、农药污染。

调查中未发现地下水源遭受污染危害的事件。

(三)土石环境污染

土石环境污染主要是矿山废渣、污水对井口耕地的污染与破坏。调查区内矿山废渣大部分没有围砌、管理。因堆放总量较少,总体影响较轻。

(四)放射线及其他污染

当地村民反应老窿水虽然清亮透明,但不能饮用,推测可能含 U 等放射性有害元素。

调查中未发现地域性的、与水土环境有关的地方病。

四、背儿岩-牛溪坪石煤重点调查区

为查明铀对人体和环境的危害程度,中国有色金属工业总公司湖南地质勘探二四五队邀请中南地勘局二三〇所分别进行了放射性强度测量及铀的化学分析,分析结果表明,铀的

含量为 0.002 45%～0.004 67%,平均铀含量为 0.004 12%,水源为 10 万脱变数/分＝0.05μCi;样品为 20 万～30 万脱变数/分＝0.14μCi。根据放射性允许标准(一人食用总量允许为 35μCi,皮肤接触允许 5 万脱变数/分,手接触允许为 10 万脱变数/分,服装接触允许 20 万脱变数/分)衡量,矿区铀的含量及放射性强度均较低,饮用水源对人体健康没有危害性。

第八章 资源量估算

第一节 资源量估算范围、工业指标与级别划分

以圈定的调查评价范围为界,浅部起自石煤层露头线,深部止于424 m。两河口-观音寺重点调查区估算了0 m以浅(最大埋深341 m)、-300~0 m(最大埋深424 m)两个水平的资源量。楠木铺-松溪铺重点调查区估算了300 m以浅(最大埋深236 m)、0~300 m(最大埋深680 m)、-300~0 m(最大埋深590 m)三个水平的资源量。

一、工业指标

按照《湖南省部分矿种矿床一般工业指标(试行)》及参照相邻常德太阳山调查区、桃源王家坪调查区的工业指标确定石煤的一般工业指标。最低发热量:3.35 MJ/kg(800 kcal/kg)。最低可采厚度:≥2 m。资源量估算深度:一般300~400 m,区内有深工程控制的,至少估算600m。

二、块段划分

以构造线、图切剖面线、石煤层底板等高线为块段边界。两河口-观音寺重点调查区共划分15个块段,块段划分范围见表8-1。楠木铺-松溪铺重点调查区共划分13个块段,块段划分范围见表8-2。

表8-1 两河口-观音寺重点调查区块段划分表

块段编号	块段边界
1	刘家坪背斜轴、-300 m等高线、F23、调查区边界
2	刘家坪背斜轴、-300 m等高线、F23、调查区边界
3	剥蚀线、-300 m等高线、林家冲背斜轴、F13、调查区边界
4	石煤露头线、调查区边界、F13
5	F1、F4、F13、毛坪背斜轴、调查区边界

续表 8-1

块段编号	块段边界
6	F1、F4、毛坪背斜轴、石家冲背斜轴、调查区边界、－300 m 等高线
7	F1、毛坪背斜轴、石家冲背斜轴、调查区边界、F5、F13、剥蚀线
8	F5、F13、－300 m 等高线、剥蚀线
9	调查区边界、剥蚀线、小安渡溪向斜轴、－300 m 等高线
10	调查区边界、小安渡溪向斜轴、石煤露头线、钟家铺向斜轴
11	F23、不整合线、调查区边界、－300 m 等高线、石煤露头线
12	石煤露头线、调查区边界、剥蚀线、板溪向斜轴、－300 m 等高线
13	板溪向斜轴、龙门洞背斜、石煤露头线、－300 m 等高线
14	栗子沟向斜轴、龙门洞背斜、石煤露头线、－300 m 等高线
15	栗子沟向斜轴、F30、石煤露头线、－300 m 等高线

表 8-2 楠木铺-松溪铺重点调查区块段划分表

块段编号	块段边界
1	B1 向斜轴、石煤露头线、F16、不整合接触边界
2	B1 向斜轴、石煤露头线
3	调查区边界、B3 向斜轴、石煤露头线、不整合接触边界
4	调查区边界、B3 向斜轴、石煤露头线、不整合接触边界
5	调查区边界、B4 背斜轴、石煤露头线、F35
6	B4 背斜轴、B5 向斜轴、不整合接触边界、石煤露头线、F30
7	B5 向斜轴、不整合接触边界、石煤露头线、F30
8	F35、调查区边界、石煤露头线
9	F35、F37、F39、石煤露头线、调查区边界
10	F39、石煤露头线、调查区边界
11	F39、F40、F41、石煤露头线、调查区边界
12	F48、F47、F45、F41、调查区边界、石煤露头线
13	F48、F45、石煤露头线

第二节 资源量估算方法

在资源量估算范围内,煤层倾角小于 45°,石煤矿层产状较平缓,故采用地质块段法估算石煤资源量。

煤层估算公式为

$$Q = \text{ARD} \cdot h \cdot S \cdot \sec\alpha$$

式中:Q——块段资源量(亿 t);
　　ARD——视密度(t/m^3);
　　h——煤层真厚度(m);
　　S——块段平面积(m^2);
　　α——块段平均倾角。

第三节 资源量估算参数的确定

资源评估计算参数总体分为平面积、石煤层倾角、石煤厚度、块段平均厚度、石煤视密度。

一、平面积

利用 MapGIS 制图软件在电子图上做块自动量取面积作为资源量估算平面积。

二、石煤层倾角

依据石煤层的地表测量倾角,绘制区内图切剖面图和石煤层底板等高线图。资源量估算则利用石煤层底板等高线相邻两线之间的高差与平距之比进行反算求得。采用多个倾角的平均值作为该块段内的石煤倾角。

三、石煤厚度

石煤层中夹矸单层厚度小于 2 m 时,石煤层分层不作独立分层;石煤分层厚度等于或大于夹矸厚度时,上、下煤分层加在一起作为采用厚度。

四、块段平均厚度

以块段内或邻近参加资源量估算的全部合格见石煤工程点石煤厚度相加求算术平均值

得块段平均煤厚；如块段内见石煤工程点较少，则采用大块段算术平均值求得块段平均厚度。

五、石煤视密度

两河口-观音寺重点调查区采用区内王家坪石煤体视密度值 2.46 t/m³；楠木铺-松溪铺重点调查区采用区内白雾坪石煤体视密度值 2.25 t/m³。

第四节 资源量估算结果

一、两河口-观音寺重点调查区

两河口-观音寺重点调查区估算 0 m 以浅标高段石煤资源量(334)为 74.76 亿 t，−300～0 m 标高段石煤资源量(334)为 70.447 亿 t，合计石煤资源量(334)为 145.207 亿 t。石煤资源量估算结果见表 8−3、表 8−4。

表 8−3 石煤资源量估算结果表(0 m 以浅)

块段号	资源储量类别	平面积/km²	平均倾角/(°)	斜面积/m²	块段平均厚度/m	块段体积/m³	小体重/(t·m⁻³)	石煤资源储量/Mt
4	334	7.4	19	7 846 519.4	20	156 616 527.0	2.46	385.3
5	334	9.1	15	9 407 565.3	32	297 279 062.5	2.46	731.3
6	334	20.4	15	21 096 816.0	32	666 659 385.3	2.46	1 640.0
7	334	15.1	15	15 641 306.9	32	494 265 299.5	2.46	1 215.9
9	334	3.5	22	3 775 853.2	33	124 603 156.5	2.46	306.5
10	334	25.2	18	26 570 493.5	30	794 723 459.8	2.46	1 955.0
11	334	1.8	23	1 951 658.3	17	33 178 191.0	2.46	81.6
12	334	10	35	12 166 953.9	20	246 137 478.0	2.46	605.5
13	334	3.2	18	3 362 870.7	24	80 036 323.4	2.46	196.9
14	334	1.3	19	1 375 724.1	45	62 168 970.0	2.46	152.9
15	334	1.4	41	1 844 847.9	45	83 368 674.5	2.46	205.1
合计								7476

表 8-4 石煤资源量估算结果表（-300~0 m）

块段号	资源储量类别	平面积/km²	平均倾角/(°)	斜面积/m²	块段平均厚度/m	块段体积/m³	小体重/(t·m⁻³)	石煤资源储量/Mt
1	334	2.5	21	2 633 447.3	17.0	44 768 604.1	2.46	110.1
2	334	2.3	22	2 481 275.0	17.0	42 181 674.6	2.46	103.8
3	334	7.5	27	8 429 050.8	20.0	168 243 854.6	2.46	413.9
4	334	6.9	19	7 316 349.2	20.0	146 326 983.2	2.46	360.0
5	334	14.2	15	14 679 937.0	31.6	463 886 009.5	2.46	1 141.2
6	334	19.3	15	19 959 242.6	31.6	630 712 065.5	2.46	1 551.6
7	334	6.0	15	6 215 088.9	31.6	196 396 807.7	2.46	483.1
8	334	5.9	28	6 679 014.8	32.6	217 735 883.1	2.46	535.6
9	334	1.6	22	1 726 104.3	33.0	56 961 443.0	2.46	140.1
10	334	16.4	18	17 291 908.5	29.9	517 200 981.8	2.46	1 272.3
11	334	3.5	23	3 794 891.1	17.0	64 513 149.1	2.46	158.7
12	334	3.9	35	4 745 112.0	20.2	95 993 616.4	2.46	236.1
13	334	1.4	18	1 471 255.9	23.8	35 015 891.5	2.46	86.1
14	334	2.1	19	2 222 323.5	45.2	100 426 797.6	2.46	247.0
15	334	1.4	41	1 844 847.9	45.2	83 368 674.5	2.46	205.1
合计								7 044.7

两河口-观音寺重点调查区马金洞勘查区靶区估算石煤资源量（334）为 9.4 亿 t（表 8-5）。钒矿（V_2O_5）资源量为 958.8 万 t。

表 8-5 马金洞勘查靶区石煤资源量估算结果表（埋深 0~600 m）

块段号	资源储量类别	平面积/km²	平均倾角/(°)	斜面积/m²	块段平均厚度/m	块段体积/m³	小体重/(t·m⁻³)	石煤资源储量/亿t
10	334	8.8	39	11 323 484.2	33.73	381 941 121.4	2.46	9.4
合计								9.4

两河口-观音寺重点调查区镰刀湾勘查区靶区估算石煤资源量（334）为 10.9 亿 t（表 8-6）。钒矿（V_2O_5）资源量为 1232 万 t。

表8-6 镰刀湾勘查靶区石煤资源量估算结果表（埋深0～1200 m）

块段号	资源储量类别	平面积/km²	平均倾角/(°)	斜面积/m²	块段平均厚度/m	块段体积/m³	小体重/(t·m⁻³)	石煤资源储量/亿t
12	334	3.6	35	4 394 788.5	20.2	88 774 728.1	2.46	2.2
13	334	1.7	18	1 787 485.8	23.8	42 542 161.6	2.46	1.0
14	334	3.3	19	3 490 148.2	45.2	157 754 700.8	2.46	3.9
15	334	2.6	41	3 445 033.8	45.2	155 715 527.0	2.46	3.8
合计								10.9

二、楠木铺-松溪铺重点调查区

楠木铺-松溪铺重点调查区估算300 m以浅标高段石煤资源量（334）为0.6亿t，0～300 m标高段石煤资源量（334）为20.4亿t，−300～0 m标高段石煤资源量（334）为7.6亿t，合计石煤资源量（334）28.6亿t。石煤资源量估算结果见表8-7—表8-9。

表8-7 石煤资源量估算结果表（300 m以浅）

块段号	资源储量类别	平面积/km²	平均倾角/(°)	斜面积/m²	块段平均厚度/m	块段体积/m³	小体重/(t·m⁻³)	石煤资源储量/亿t
2	334	1.4	34	1 688 705.1	15	25 330 576.9	2.25	0.6
合计								0.6

表8-8 石煤资源量估算结果表（0～300 m）

块段号	资源储量类别	平面积/km²	平均倾角/(°)	斜面积/m²	块段平均厚度/m	块段体积/m³	小体重/(t·m⁻³)	石煤资源储量/亿t
1	334	5.1	28	5 776 107.3	15.0	86 641 608.9	2.25	1.9
2	334	4.7	34	5 669 224.4	15.0	85 038 365.4	2.25	1.9
3	334	2.0	18	2 102 924.4	11.0	23 132 168.9	2.25	0.5
5	334	14.7	36	18 170 199.3	15.6	283 455 108.6	2.25	6.4
6	334	7.0	20	7 449 244.4	15.6	116 208 212.8	2.25	2.6
7	334	5.1	50	7 934 191.5	15.6	123 773 387.7	2.25	2.8
8	334	1.6	47	2 346 046.7	29.5	69 208 377.6	2.25	1.6
9	334	4.2	33	5 007 925.8	8.6	43 068 162.1	2.25	1.0
10	334	2.6	19	2 749 813.8	8.6	23 648 398.4	2.25	0.5
12	334	5.7	38	7 233 403.8	5.4	39 060 380.7	2.25	0.9
13	334	1.6	48	2 391 162.5	5.4	12 912 277.4	2.25	0.3
合计								20.4

表 8-9 石煤资源量估算结果表（-300～0 m）

块段号	资源储量类别	平面积/km²	平均倾角/(°)	斜面积/m²	块段平均厚度/m	块段体积/m³	小体重/(t·m⁻³)	石煤资源储量/亿t
3	334	3.1	20	3 298 951.1	11.0	36 288 462.0	2.25	0.8
4	334	2.2	23	2 389 992.8	11.0	26 289 921.1	2.25	0.6
6	334	3.2	22	3 451 311.2	15.6	53 840 454.4	2.25	1.2
7	334	2.4	22	2 588 483.4	15.6	40 380 340.8	2.25	0.9
8	334	1.0	47	1 466 279.2	29.5	43 255 236.0	2.25	1.0
10	334	4.1	34	4 945 493.6	8.6	42 531 244.9	2.25	1.0
11	334	2.7	19	2 855 575.8	8.6	24 557 952.2	2.25	0.6
12	334	8.8	44	12 233 439.6	5.4	66 060 573.8	2.25	1.5
合计								7.6

楠木铺-松溪铺重点调查区蒙福庵勘查靶区估算石煤资源量（334）为 3.2 亿 t（表 8-10）。钒矿（V_2O_5）资源量为 384 万 t。

表 8-10 蒙福庵勘查靶区石煤资源量估算结果表（埋深 0～600 m）

块段号	资源储量类别	平面积/km²	平均倾角/(°)	斜面积/m²	块段平均厚度/m	块段体积/m³	小体重/(t·m⁻³)	石煤资源储量/亿t
6	334	4.2	21	4 498 809.0	15.6	70 181 420.0	2.25	1.6
7	334	3.6	40	4 699 466.2	15.6	73 311 673.4	2.25	1.6
合计								3.2

楠木铺-松溪铺重点调查区三门勘查靶区估算石煤资源量（334）为 2.4 亿 t（表 8-11）。钒矿（V_2O_5）资源量为 1032 万 t。

表 8-11 三门勘查靶区石煤资源量估算结果表（埋深 0～300 m）

块段号	资源储量类别	平面积/km²	平均倾角/(°)	斜面积/m²	块段平均厚度/m	块段体积/m³	小体重/(t·m⁻³)	石煤资源储量/亿t
3	334	6.8	20	7 236 408.9	11	79 600 497.4	2.25	1.8
4	334	2.1	22	2 264 923.0	11	24 914 152.6	2.25	0.6
合计								2.4

三、背儿岩-牛溪坪、小淹石煤重点调查区

背儿岩-牛溪坪石煤重点调查区为开展相关调查工作,资源量估算依据第八章第二节公式 $Q = \text{ARD} \cdot h \cdot S \cdot \sec\alpha$ 来计算。据《湖南省石煤资综合考察报告》和《湖南省辰溪县张家湾钒调查区详查地质报告》,背儿岩-牛溪坪重点调查区石煤平均厚度为 25 m,平均倾角 30°,垂深 0~100 m,石煤面积按 425 km²,视密度(ARD)为 2.36 t/m³。故调查区石煤预测资源量为 289.55 亿 t。

据《湖南省石煤资源综合考察报告》和《湖南省安化县杨林调查区石煤、钒矿普查报告》,安化县杨林调查区-50~0 m 标高石煤面积 57.87 km²,资源量(Q)(334)为 2.437 3 亿 t。小淹石煤重点调查区面积为 490 km²,由此计算小淹石煤重点调查区石煤资源量为 20.6 亿 t。

第五节 资源量估算其他情况说明

本书只对两河口-观音寺、楠木铺-松溪铺重点调查区开展了工作,此两个区的资源量估算主要采用本次实测资料进行,而背儿岩-牛溪坪、小淹石煤重点调查区的资源量概算则用《湖南省石煤资源综合考察报告》资料等。在两河口-观音寺重点调查区内的王家坪钒矿区勘查时,估算了石煤资源量。

第九章　煤炭资源远景评价

湖南石煤开发已有 200 年的历史,但多系土法开采,自采自用。目前湖南已有在生产的煤矿点 300 多个,其中全民所有制石煤矿 4 个,年生产能力 75 万 t。1980 年湖南石煤产量约为 146 万 t,其中全民所有制石煤企业生产石煤 19.4 万 t。现经各方面的努力,已把石煤综合利用推到了一个新的阶段,主要应用于以下几个方面:用作石煤发电;烧沸腾炉和搁管炉;用作建材;生产肥料;以石煤作原料提钒等。

第一节　两河口-观音寺重点调查区

一、石煤赋存特征

重点调查区内主要发育一层石煤层,位于下寒武统牛蹄塘组,主要由石煤层(发热量超过 800 kcal/kg 的碳质页岩)及碳质页岩组成,分布范围较广,呈条带状近东西向展布,横贯全区,发育连续性好且稳定,空间展布随牛蹄塘组产状变化而变化。石煤层发育位置稳定,位于牛蹄塘组底部,呈层状、似层状产出,分为底部Ⅰ石煤层、中部Ⅱ石煤层。平均总厚度约为 25.91 m,构造复杂程度中等,估算资源量为 145.168 亿 t,为本重点调查区后期进一步勘查提供了可靠的地质依据。

二、市场需求情况

近些年,由于国内市场对煤炭的需求极度减少,煤炭价格直线下降。但是随着国民经济的迅速发展,作为石煤重要的伴生矿产资源和钢铁化工的重要原材料的钒矿、镍钼矿和铀矿等伴生矿产需求量日趋增大,市场价格逐渐攀升,预计今后市场需求量会按此趋势继续发展。因此,开发利用石煤资源及伴生矿产可获得可观的经济效益。

三、外部建设条件

重点调查区内外部交通方便,东部紧邻省道 S227,且调查区内有数条村级公路四通八达,主要村级公路已铺好水泥路,交通运输条件良好。电力供应较为充足,可保障正常生产。

地表水系发育,水资源丰富,取水较为便捷。

四、资源开发利用

两河口-观音寺重点调查区内石煤层与钒矿石的分布范围和赋存层位相同,两者为共生关系。根据石煤与共生矿的特征关系,大唐华银公司先后委托中南大学、湖南有色金属研究院、西安有色冶金设计院进行了石煤发电后的灰渣提取五氧化二钒(V_2O_5)的小型与扩大实验,基本形成了大型循环流化床锅炉低焙烧石煤,热量用于发电、飞灰用于提钒的工艺流程。石煤不仅用于发电,发电后灰渣进行提钒,而提钒后的灰渣又进一步用于水泥、砌块砖及新型墙体材料等,从而形成石煤综合开发和循环利用较为完整的产业链,综合经济效益明显,同时污染物排放定量,能控制在国家规定的标准之内。因此,合理利用、综合开发本石煤重点调查区的石煤资源,具有广阔的前景。

第二节 楠木铺-松溪铺重点调查区

一、石煤赋存特征

重点调查区内含石煤岩系为下寒武统牛蹄塘组下部,分布面积大,层位稳定,连续性好。含煤岩系主要由碳质页岩、硅质页岩和石煤层组成,自下而上硅质成分显著减少,泥质成分明显增多,风化色由深变浅,石煤发热量随碳含量的递减而逐渐降低。石煤分布在整个调查区,分为底部Ⅰ石煤层、中部Ⅱ石煤层两层矿体,平均总厚度为29.22 m,构造复杂程度中等,估算资源量为28.5亿t,可作为今后石煤勘查的后备基地。

二、市场需求情况

尽管国内石煤资源市场需求相对比较疲软,但是随着石煤伴生矿产应用领域的扩大,石煤需求量将随之增大。在调查区内兴建钒矿等伴生矿产冶炼厂,既开发了当地丰富的石煤资源,又可发展我国的钒矿工业,创收外汇,以转化矿产优势为经济优势,这对当地的经济建设和地方工业发展都有极大的促进作用。

三、外部建设条件

重点调查区内外部交通方便,调查区内有国道G319和常吉高速G56,且调查区内有数条村级公路四通八达,主要村级公路已铺好水泥路,交通运输条件良好。电力供应较为充足,可保障正常生产。地表水系发育,水资源丰富,取水较为便捷。

四、资源开发利用

根据本书相关调查成果,并参考湖南有色金属研究院提交的《沅陵县马底驿石煤钒矿可行性研究报告》,本重点调查区石煤赋存面积广,厚度大,资源量较为可观,且石煤钒矿床厚度大,品位高,储量多,如能建立一矿三厂(石煤矿、钒厂、发电厂、建材厂)并形成一套系统的示范工程网络加以综合利用开发,无疑将具有很大的潜力和广阔的前景。

第三节 背儿岩-牛溪坪石煤重点调查区

一、石煤赋存特征

背儿岩-牛溪坪石煤重点调查区内含石煤岩系为下寒武统牛蹄塘组,石煤层在整个调查区主要位于中下部,分布面积较大,层位稳定,连续性好。平均总厚度为25 m,构造复杂程度中等,估算石煤总资源量为289.55亿t,可作为今后石煤勘查的后备基地。

二、市场需求情况

国内煤炭资源市场需求相对比较疲软,但是辰溪县背儿岩-牛溪坪石煤重点调查区钒矿主要位于牛蹄塘组中下部,品位较好,最小值为0.4%,最大值为4.4%,品位变化较大,平均值2.9%。厚度较大,约25 m,并与石煤矿伴生。随着石煤伴生矿产应用领域的扩大,石煤需求量将随之增大。在调查区内兴建钒矿等伴生矿产冶炼厂,既开发了当地丰富的石煤资源,又可发展我国的钒矿工业,创收外汇,转化矿产优势为经济优势,这对辰溪县的经济建设和地方工业发展都有极大的促进作用。

三、外部建设条件

重点调查区内部交通方便,有数条乡级和村级道路,均已铺好水泥,交通运输条件良好,电力供应较为充足,可保障正常生产。地表水系发育,水资源丰富,取水较为便捷。外部交通同样畅通,调查区东部有省道S308和省道S223,交通便利。

四、资源开发利用

据相关资料与《湖南省辰溪县张家湾钒调查区详查地质报告》,本重点调查区石煤赋存面积广,厚度大,资源量巨大,且石煤钒矿床厚度较大,品位相对其他的重点调查区较高,储量较多,如能建立一矿三厂(石煤矿、钒厂、发电厂、建材厂)并形成一套系统的示范工程网络加以综合利用开发,无疑将具有很大的潜力和广阔的前景。

第四节　小淹石煤重点调查区

一、石煤赋存特征

重点调查区内含石煤岩系为下寒武统牛蹄塘组下部,石煤分布在整个调查区,分为底部Ⅰ石煤层、中部Ⅱ石煤层两层矿体,总体而言,属较稳定至稳定型石煤层。剔除其他因素,单就其发热量高低而言,Ⅰ、Ⅱ石煤层实际为一整体,其厚度为 25.28~73.42 m,平均厚 48.03 m。构造复杂程度中等,估算资源量为 52.4 亿 t。

二、市场需求情况

尽管国内石煤资源市场需求相对比较疲软,但是随着石煤伴生矿产应用领域的扩大,石煤需求量将随之增大。在调查区内兴建钒矿等伴生矿产冶炼厂,既开发了当地丰富的石煤资源,又可发展我国的钒矿工业,创收外汇,转化矿产优势为经济优势,这对当地的经济建设和地方工业发展都有极大的促进作用。

三、外部建设条件

重点调查区内外部交通方便,调查区内有省道 S308、县道 X040 以及数条铺有水泥的村级公路,交通四通八达,交通运输条件良好。电力供应较为充足,可保障正常生产。地表水系发育,水资源丰富,取水较为便捷。劳动力充足。以上条件对未来矿山建设十分有利。

四、资源开发利用

石煤是一种重要的矿物燃料。虽然水(电)能、核能、太阳能、风能等其他能源的迅速发展,但当前煤炭资源仍为主要能源,随着湖南省煤炭资源的急剧减少,煤炭走低的形势仍在持续,利用石煤资源寻求新的突破口也就成为湖南省能源开发的新增点。

本调查区石煤具有"资源保护完整、矿藏丰富集中、开采条件优越、利用价值明显"的特征。利用石煤发电,发电后灰渣进行提钒,而且提钒后的灰渣又进一步用于水泥、砌块砖、新型墙体材料等,实现资源节约,综合利用,从而形成石煤综合开发和循环利用较为完整的产业链,综合经济效益明显,同时污染物排放定量,能控制在国家规定的标准之内。因此,合理利用、综合开发本区的石煤资源具有广阔的前景。

香港海粤能源有限公司与安化县人民政府已签订利用石煤火力发电的联产合同,项目正式启动后石煤产品市场将会出现市场销售、价格两旺的局面,且石煤中伴生丰富的钒矿资源,通过综合回收,利用的途径越来越广,经济价值将大幅度升高。因此,积极、合理、合法勘查、开发本区石煤资源,具有较大的现实意义和较好的社会、经济效益。

第十章　其他矿产

湖南省下寒武统牛蹄塘组石煤资源丰富,并伴生有多种金属矿产和页岩气。其中伴生金属矿产以钒矿为主,局部富集,厚度大、品位高,具有开采价值,主要分布于古岳、沅靖、溆绥3个大区,其中以岳阳、古丈、溆浦、益阳、沅陵和桃源最好;其次为镍钼矿、铀矿等伴生矿产,含量少、品位低,未达到工业评价要求。镍钼矿主要分布于慈利—张家界地区,铀矿主要分布于石门东山峰调查区以及溆浦矿产区等,页岩气烃源岩层主要分布在湘西、湘西北区及常德地区。

一、页岩气

截至目前,湖南省煤炭地质勘查院相继完成了"湖南省古生界页岩气成藏条件与资源评价""湖南省页岩气资源潜力评价""湖南永顺页岩气区块野外地质调查"以及常页1井、慈页1井、永页1井钻探工程等多项页岩气研究、勘查、工程项目。综合以上各种勘探及科研成果,湖南省下寒武统牛蹄塘组中下部的石煤与黑色泥页岩、碳质页岩等呈互层状,分布面积广、厚度大,页岩气成藏条件良好(以湘西北为主,湘中次之,湘东南最差)。其中总厚度为100～270 m,有效厚度达30～70 m;有机碳含量平均为4.55%;有机质成熟度平均为3.97%;资源潜力巨大,初步估算下寒武统牛蹄塘组页岩气资源量为$3.23 \times 10^{12} \sim 4.92 \times 10^{12}$ m^3。

牛蹄塘组主要由黑色页岩与石煤组成,石煤层与潜在含页岩气层都为暗色泥页岩。石煤层为高碳质,发热量大于800 kcal/kg的泥页岩,一般的开采方式为露天开采,埋深不宜过深;页岩气层段一般指标为TOC大于2%,厚度大于30 m,最佳埋深介于1000～3000 m之间,最关键的指标为含气量大于2 m^3/t。邻近调查区的常页1井(图10-1)和慈页1井均钻穿了牛蹄塘组,揭露的石煤层厚度均不超过50 m,且都位于牛蹄塘组底部。常页1井揭露牛蹄塘组泥页岩TOC大于2%的井段为井深1100 m至牛蹄塘组底,厚度约为240 m;慈页1井牛蹄塘组气测异常段为2段,底部异常段为井深2610 m至牛蹄塘组底,厚度约为150 m。因此,牛蹄塘组潜在含页岩气层位于该组的中下部,而石煤层一般位于其底部。

二、钒矿

湖南省下寒武统牛蹄塘组石煤层中几乎都含钒,根据已有资料和本次调查工作评价成果资料,钒主要分布于古岳、沅靖、溆绥3个大区,其中以岳阳、古丈、溆浦、益阳、沅陵、桃源

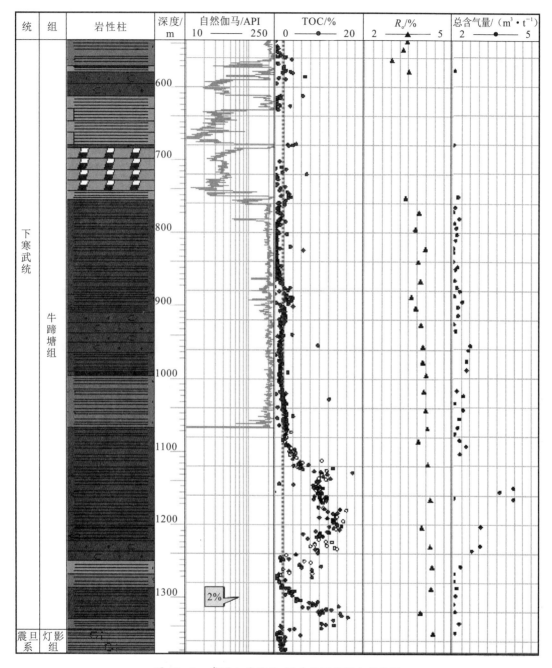

图 10-1 常页 1 井岩性、测井及测试综合柱状图

最好,其次是石门、东山峰等地。由图 10-2 可知,钒矿层一般与石煤层数、厚度基本一致。古丈、岳阳一般含钒 3~4 层,层位较稳定,厚度一般 12~18 m,V_2O_5 含量一般为 0.65%~0.863%,厚度与品位变化较小。其中,岳阳新开塘南段已对独立钒矿进行了勘探,其次溆浦、益阳、沅陵、凤凰、石门、东山峰等区一般含钒 1~3 层,总厚度 5~22 m,V_2O_5 含量为 0.331%~0.680%;双涟汝江等区一般含钒 1~2 层,总厚度 1.4~5.0 m,V_2O_5 含量一般在 0.5% 以下。

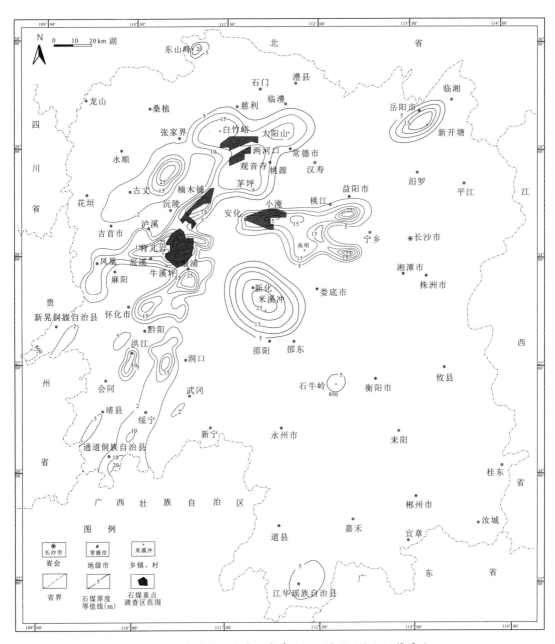

图 10-2 湖南省下寒武统牛蹄塘组石煤层伴生钒矿等厚图

(一)两河口-观音寺重点调查区

通过对实验数据(表 10-1)对比分析可知,调查区钒矿局部发育,总体可划分为 I 矿层(牛蹄塘组底部)、II 矿层(牛蹄塘组中上部)。I 矿层厚度介于 12.17～70.05 m 之间,平均厚度为 37.20 m,厚度变化系数为 47.4%;品位介于 0.512%～0.984% 之间,平均品位为

0.706%,品位变化系数34.5%。矾矿在调查区北段毛坪、相家溪处局部富集,毛坪区段含钒矿层厚度可达33.47 m,品位介于0.34%~1.85%之间,相家溪区段含钒矿层厚度可达47.08 m,品位介于0.51%~1.52%之间;南段中部矾矿较富集,厚度37.39~70.5 m,V_2O_5品位较高,为0.36%~1.13%。Ⅱ矿层主要集中在毛坪-知生桥区段,含钒矿层厚度最小为2.42 m,最高可达104.00 m,平均厚度为33.10 m,厚度变化系数为1.35%;品位介于0.31%~0.77%之间,平均品位0.481%,品位变化系数为31.3%,品位较低。

表10-1 两河口-观音寺重点调查区钒矿厚度、品位统计表

矿层号	工程号	厚度/m	品位/%	平均厚度/m	平均品位/%	厚度变化系数/%	品位变化系数/%
Ⅰ	TC07	47.08	0.691	37.20	0.706	47.4	34.5
	TC13	12.17	0.740				
	TC14	36.97	0.512				
	P05	56.61	0.928				
	P06	37.39	0.538				
	P07	22.18	0.984				
	P11	18.48	0.565				
	P12	31.60	0.874				
	P13	70.50	0.525				
Ⅱ	TC07	20.91	0.323	33.10	0.481	135.4	31.3
	TC12	4.67	0.400				
	TC13	11.37	0.770				
	TC14	2.42	0.463				
	P05	116.09	0.518				
	P07	3.00	0.310				
	P11	2.70	0.410				
	P12	104.00	0.657				

由表8-3、表8-4可知,两河口-观音寺重点调查区石煤资源量为145.207亿t,石煤伴生钒矿(V_2O_5)平均品位为0.594%,估算石煤伴生钒矿(V_2O_5)矿资源量为8619万t。

(二)楠木铺-松溪铺重点调查区

通过对实验数据对比分析可知,调查区钒矿局部发育,总体可划分为Ⅰ矿层(牛蹄塘组底部)、Ⅱ矿层(牛蹄塘组中部)两个矿层。

对比分析结果(表10-2)表明,Ⅰ矿层全区发育,厚度5.95~28.20 m,平均13.24 m,厚度变化系数67.4%,厚度不稳定;品位0.41%~1.20%,变化系数33%,变化较大。Ⅱ矿层在调查区中北部发育,厚度2.00~76.00 m,平均23.30 m,厚度变化较大,不稳定;品位0.39%~0.74%,变化系数24%,变化较大。

总体上,Ⅰ钒矿层在调查区中部白雾坪、蒙福庵发育较好,厚度较大,具有工业开采价值。Ⅱ钒矿层在调查区中部蒙福庵发育好,厚度大,具有工业开采价值。

表10-2 楠木铺-松溪铺重点调查区钒矿厚度、品位统计表

矿层号	工程号	厚度/m	品位/%	平均厚度/m	平均品位/%	厚度变化系数/%	品位变化系数/%
Ⅰ	TC02	14.01	0.70	13.24	0.79	67.4	33
	TC03	23.20	1.20				
	P09	7.93	0.94				
	P04	28.20	0.57				
	TC04	5.95	0.41				
	P05	6.86	1.10				
	P06	21.00	0.63				
	P07	9.65	0.91				
	P08	2.35	0.65				
Ⅱ	TC01	12.35	0.39	23.30	0.54	131	24
	P09	76.00	0.74				
	TC04	3.61	0.59				
	P05	22.60	0.51				
	P08	2.00	0.49				

由此,楠木铺-松溪铺重点调查区石煤资源量为28.6亿t,石煤伴生钒矿(V_2O_5)平均品位为0.665%,估算石煤伴生钒矿(V_2O_5)矿资源量为1762万t。

(三)背儿岩-牛溪坪石煤重点调查区

背儿岩-牛溪坪石煤重点调查区钒矿层主要有两层,分别为Ⅰ矿层(底部)和Ⅱ矿层(中部),主要赋存于下寒武统牛蹄塘组的中部和底部。Ⅰ矿层层位较稳定,规模较大,含矿性及连续性好;Ⅱ矿层层位不稳定,变化大,其次上部有一些零星透镜状矿体断续分布。

Ⅰ矿层:岩性为黑色页岩夹薄层硅质岩或二者互层,厚度为1.04~7.40 m,平均厚度均小于3.29 m,矿层顶底界线不清楚,局部与Ⅱ矿层合并。矿体呈层状或似层状产出,V_2O_5品位为0.99%~1.20%,见表10-3。

表 10-3 矿体规模及品位与厚度统计表

矿层编号	矿体编号	起止工程	工程个数	矿体长度/m	下推斜深/m	矿体厚度/m		V_2O_5 品位/%	
						变化范围	平均	变化范围	平均
I	1	TC07—TC04	10	41	75	1.11~7.40	3.29	1.00~1.17	1.07
	2	TC11—TC13	5	31	25~75	1.10~3.70	2.40	1.00~1.18	1.09
	3	TC15—TC21	5	52	50	1.04~4.12	2.70	0.99~1.20	1.09

Ⅱ矿层：岩性为黑色页岩夹硅质岩；上部为黑色页岩偶夹少量硅质岩，总厚度为 1.4~12.6 m，平均厚为 8.8 m，矿体呈透镜状产出，变化大，产于矿层底部。

据现有研究资料，认为钒有两种可能的赋存状态：一是 V 元素绝大部分呈 VO_4^{3-} 络阴离子被碳泥质物均匀吸附的状态存在；二是钒不呈吸附状态存在于页岩中，而是呈类质同像存在于水云母中。无论 V_2O_5 呈何种状态存在，其含量变化同岩性有明显的关系。通过对矿体中黑色页岩、硅质岩进行采样化验分析，结果表明：黑色页岩的 V_2O_5 含量为 2.56%~3.34%，平均为 2.95%；硅质岩 V_2O_5 含量为 0.12%~0.24%，平均为 0.18%。显然，V_2O_5 主要集中在黑色页岩中，钒的富集与黏土矿物有着密切的关系。

据《湖南省辰溪县张家湾钒矿区详查地质报告》成果资料，该矿区石煤资源量(334)为 289.55 亿 t，石煤伴生钒矿(V_2O_5)平均品位为 1.08%，估算石煤伴生钒矿(V_2O_5)矿资源量为 3.1 亿 t。

(四)小淹石煤重点调查区

钒矿层赋存层位与石煤层相同，空间分布位置与石煤层基本相当。根据《湖南省安化县杨林调查区石煤、钒矿普查报告》对坑道和钻孔的编录和取样分析成果，钒矿层岩性主要为薄层状碳质板岩夹硅质碳质板岩、硅质板岩及薄层硅质岩，因此石煤层底部或底板中，随着硅质含量的增加，其发热量往往低于 2.9 MJ/kg，但部分样品 V_2O_5 品位则可达到工业品位 (V_2O_5 品位≥0.7%)。

Ⅰ石煤层含钒矿 3 层(V1、V2、V3)，Ⅱ石煤层含钒矿 4 层(V4、V5、V6、V7)，而 V8 矿层，则分布于Ⅱ石煤层底板围岩中。各钒矿层产状与所在石煤层产状一致，达工业品位的钒矿体主要分布于Ⅱ石煤层中，Ⅰ石煤层仅 V3 矿层局部地段见工业矿体。

现将主要钒矿层 V4、V6、V7 分述如下。

1. V4 矿层

该矿层全区比较发育，其中东段分布在 4 线—12 线，控制走向长 3820 m，矿层厚 1.85~6.23 m，平均 3.94 m，V_2O_5 平均品位 0.70%；西段分布在 11 线—15 线，控制走向长 2420 m，厚 3.61~4.74 m，平均 4.18 m，V_2O_5 平均品位 0.60%。

2. V6 矿层

该矿层发育于调查区东段，控制走向长 6300 m，矿层厚 1.64~15.13 m，平均 8.77 m，V_2O_5 平均品位 0.70%。矿体沿走向由东往西，由浅至深具有厚度逐渐变薄的趋势。

3. V7 矿层

该矿层是全区唯一普遍发育的矿层(体),也是矿化最为富集的矿层。东段矿层控制走向长 6300 m,厚 1.25~8.56 m,平均 5.69 m,V_2O_5 平均品位 0.73%。西段控制矿层走向长 4510 m,矿层厚 1.50~5.90 m,平均 3.01 m,V_2O_5 平均品位 0.82%。

杨林调查区钒矿层(体)特征见表 10-4。

综上所述,区内钒矿层按 V_2O_5 品位≥0.5%圈矿层共有 8 层,各矿层中按 V_2O_5 品位≥0.70%圈工业矿体共 9 个,主要分布于调查区东段,而且比较连续的矿体主要分布于Ⅱ石煤层中,即主要分布于牛蹄塘组的底部。该区石煤资源量(334)为 20.6 亿 t,石煤伴生钒矿(V_2O_5)平均品位 0.656%,估算石煤伴生钒矿(V_2O_5)矿资源量为 1 351.4 万 t。

三、镍、钼矿

镍、钼矿主要分布于张家界—古丈一带。以大庸天门山—慈利大浒、南山坪、迪园最好,其次为麻阳岩东寨、通道庙坪,安化洞市、临澧高家滩局部富集成矿。含矿 1 层,一般产于石煤层底部,多产于牛蹄塘组与下伏地层交界处。层位较稳定,但厚度小,变化大。钼矿层厚 0.56~15 m,一般品位 0.045%~0.587%。其中,张家界慈利县白竹峪村镍钼矿含量较高,镍矿最高可达 $4000×10^{-6}$,最小约为 $1200×10^{-6}$,钼矿最高可达 $4000×10^{-6}$,最小约为 $9000×10^{-6}$,厚度为 15~20 cm;张家界三岔乡镍钼矿含量相对较低,镍矿平均约为 $600×10^{-6}$,钼矿平均约为 $1000×10^{-6}$,厚度约 15 cm;湘西古丈县镍矿位于下寒武统牛蹄塘组底部,镍矿厚度为 15~20 cm,平均值为 $900×10^{-6}$~$1000×10^{-6}$,钼矿含量较少。从大地构造位置上看,镍钼矿富集区带主要为慈利-保靖大断裂附近,其形成原因与慈利-保靖大断裂的形成可能有关。

两河口-观音寺重点调查区镍钼矿含量较低,Mo 的含量为 0~$404.47×10^{-6}$,Ni 的含量为 $16.19×10^{-6}$~$218.69×10^{-6}$;楠木铺-松溪铺重点调查区的镍钼含量(图 10-3)更低,均低于 $100×10^{-6}$;小淹石煤重点调查区的镍钼含量同样不高,Ni 的含量为 $10×10^{-6}$~$100×10^{-6}$,Mo 的含量为 $50×10^{-6}$~$120×10^{-6}$;背儿岩-牛溪坪石煤重点调查区 Ni 和 Mo 含量相对较高,Ni 的含量为 $500×10^{-6}$~$2400×10^{-6}$,平均含量为 $400×10^{-6}$,Mo 的含量为 $20×10^{-6}$~$140×10^{-6}$,平均含量为 $40×10^{-6}$。综上所述,本书 4 个石煤重点调查区的镍钼矿品位整体上较低,未达到工业品位。而在背儿岩-牛溪坪石煤重点调查区镍的含量相对较高,具有开采的价值。

四、其他矿产

据湖南省石煤伴生矿产除钒矿之外,还有镍、钼、铀、磷、铅、锌等伴生矿产。

(一)铀

据《湖南省石煤资源综合考察报告》,铀矿主要分布于石门县的东山峰矿区的中岭、慈利县的大浒及溆浦县的江东等地。含矿 1~2 层,总厚度 0.56~30.00 m,一般厚 5.00 m,品位

第十章 其他矿产

表 10-4　杨林调查区钒矿层（体）工程控制及其特征值统计表

石煤层编号	钒矿层编号	地段	见矿工程	钒矿层（V$_2$O$_5$≥0.5%）							编号	其中钒矿工业矿体（V$_2$O$_5$≥0.7%）									形态
				控制长度/m	厚度/m			V$_2$O$_5$品位/%				控制长度/m	厚度/m			厚度变化系数	V$_2$O$_5$品位/%			V$_2$O$_5$品位变化系数	
					最小	最大	平均	最小	最大	平均			最小	最大	平均		最小	最大	平均		
I	V1	西	ZK1101			5.26	5.26		0.61	0.61											
	V2	东	ZK402			2.44	2.44		0.50	0.50											
		西	ZK1101			8.60	8.60		0.65	0.65											
	V3	东	ZK402,ZK1201		1.64	3.59	2.60	0.63	0.70	0.68	V3-①			3.59	3.59			0.70	0.70		似层状
		西	ZK1101			3.32	3.32	0.65	0.83	0.73	V3-②			3.23	3.23			0.73	0.73		似层状
	V4	东	ZK402,ZK801,ZK1201,PD8	3820	1.85	6.23	3.94	0.54	0.85	0.70	V4-①	3820	1.74	3.79	2.46	47%	0.79	0.84	0.80	18%	层状,似层状
	V5	西	ZK1101,PD6	2420	3.61	4.74	4.18	0.58	0.61	0.60											
II	V6	东	ZK402			1.99	1.99		0.50	0.50											
		西	ZK002,ZK402,ZK801,ZK1201,PD8	6300	1.64	15.13	8.77	0.54	0.85	0.70	V6-①	3820	1.64	12.16	5.62	78%	0.70	0.83	0.80	7%	层状,似层状
											V6-②		1.58	9.43	5.50	101%	0.93	1.31	0.98	24%	似层状
	V7	东	ZK001,ZK002,PD8	6300	1.25	8.56	5.69	0.60	0.88	0.73	V7-①			1.60	1.60			0.88	0.88		似层状
		东	ZK402,PD8								V7-②	6300	1.25	8.56	4.79	60%	0.70	1.10	0.82	18%	层状,似层状
		西	ZK801,ZK1101		1.50	5.90	3.01	0.61	1.13	0.82	V7-③	4510	1.50	5.90	3.01	78%	0.78	1.13	1.01	21%	层状,似层状
矿带外	V8	东	TC05,PD6,TC06,ZK1101	4510	1.85	2.08	1.96	0.61	0.68	0.64											
		西	ZK002,ZK402,ZK1901,TC05,TC06	4510	1.12	3.20	2.27	0.58	0.75	0.70	V8-①			3.20	3.20			0.75	0.75		似层状

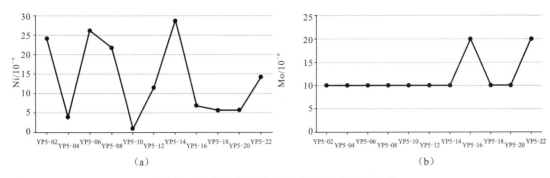

图 10-3 P05 剖面镍(Ni)、钼(Mo)含量变化图
(a)Ni 元素含量变化图;(b)Mo 元素含量变化图

为 0.01%~0.05%,一般 0.035%,厚度与品位变化较大。其他如新晃铁窗坡、临湘宏才屋、岳阳新开塘、安化冷市、益阳泥江口、宁乡天井冲等地铀矿厚度为 1.85~3.00 m,品位 0.01% 以上,个别达 1%,但均呈点状异常分布。

(二)磷

据《湖南省石煤资源综合考察报告》,磷矿含量较高者多见于慈利南山坪、临澧高家滩,含磷一层,厚 0.53~15.00 m,P_2O_5 含量 15%~25.39%。磷矿多呈条带状、结核状,个别呈磷块岩。一般层位稳定,厚度与品位较大。

(三)锌

锌矿主要分布于慈利、桃源、益阳,含矿一层,厚度 6.00~29.65 m,品位 0.50%~0.875%。

(四)其他伴生矿产

1. 两河口-观音寺重点调查区

调查区内下寒武统牛蹄塘组下部及底部黑色碳质页岩层中所赋存的多金属沉积矿产资源除钒、钼、镍等以外,还有少量的铅、镉、铀等伴生元素。根据组合样检测分析结果,P_2O_5 含量为 0.115%~1.433%,Ag 含量为 0~19.288×10^{-6},U 含量为 2.390×10^{-6}~59.73×10^{-6},Pt 含量为 0~0.062×10^{-6},In 含量为 0~1.128×10^{-6},Cd 含量为 1.532×10^{-6}~19.666×10^{-6},Pd 含量为 0,CaO 含量为 1.88%~14.00%,含量均较低,达不到伴生矿产要求,不具综合评价意义。

除下寒武统牛蹄塘组之外,上震旦统陡山沱组也富集有铅锌矿,经样品采集与化验分析可知,Zn 平均含量为 0.559%,最高为 0.794%,Pb 平均含量为 1.437%,最高为 5.503%,已达到工业品位,可对上震旦统陡山沱组铅锌矿开展适当勘探工作。

2. 楠木铺-松溪铺重点调查区

调查区内牛蹄塘组中 Cd 等伴生矿产元素含量均小于 100×10^{-6},含量纵向变化见图 10-5,均未达到边界品位。

化验分析结果(图 10-4,表 10-5)资料显示,Ⅰ、Ⅱ 两矿层中稀散元素 Cd、Ge、Ga、U 和金属元素 Ag、Cu 的含量很低,且自Ⅰ矿层至Ⅱ矿层,其含量有所增高,但都达不到工业品位,与上述试验分析结果基本吻合。因此,石煤层中除钒之外的伴生矿产含量低,达不到工业品位,不具有综合开采利用价值。

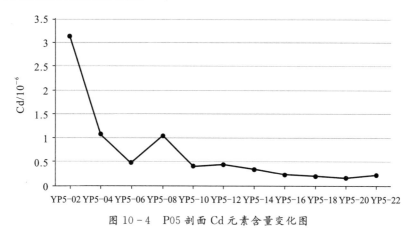

图 10-4 P05 剖面 Cd 元素含量变化图

表 10-5 组合样化验分析表

矿层名称		金属元素		稀散元素			
		Cu/% 最小~最大 平均	Ag/% 最小~最大 平均	Cd/% 最小~最大 平均	Ge/10⁻⁶ 最小~最大 平均	U/10⁻⁶ 最小~最大 平均	Ga/10⁻⁶ 最小~最大 平均
Ⅰ		0.001 5~ 0.200 42 0.002 9	0.003 4~ 0.004 1 0.003 75	0.003 2~ 0.003 4 0.003 3	0.6~0.9 0.75	49.8~52.8 51.3	5.6
Ⅱ	Ⅱv	0.005 8~0.01 0.007 9	0.003 8~ 0.003 9 0.003 85	0.000 1~ 0.000 75 0.000 43	0.8	54.3~67.5 60.9	2.5~7.5 5
	上部	0.005 5~ 0.007 3 0.006 4	0.003 6~ 0.004 0.003 8	0.000 12~ 0.000 32 0.000 32	1.2~1.4 1.3	60.9	12.5

3. 背儿岩-牛溪坪石煤重点调查区

为提高矿石综合利用价值,查明有益及有害组分含量,对部分工程所采用的基本分析样品按矿体进行了组合分析,其中包括 Ni、Mo 等共 14 种元素,分析结果见表 10-6,同时对 7 件组合样进行了光谱定量分析,从而基本查明了矿石中的伴生元素。伴生 Ag 具有一定的含量,品位为 2.5~10 g/t,平均品位 5.2 g/t,可考虑回收利用。其他有用元素含量甚微,无利用价值。对环境危害较大的 U 平均含量为 0.004 12%,As 平均含量为 0.05%,S 平均含量为 0.54%,Hg 含量均小于 $20×10^{-6}$,Pb 含量为 $30×10^{-6}$~$70×10^{-6}$。这些对生产和环境有害的元素含量均很低,对今后钒的开采和冶炼是一个有利的条件。

表10-6 矿石中伴生元素统计表

分析元素/指标	样品数量/件	含量变化范围	平均值
Cu	7	0.01%～0.025%	0.014%
Zn	7	0.007%～0.082%	0.029%
Cd	7	0.000 1%～0.003%	0.000 5%
Se	14	0.001 7%～0.081 5%	0.004 2%
Ag	20	2.5～10.0 g/t	5.2 g/t
U	7	0.002 45%～0.004 67%	0.004 12%
P	14	0.12%～0.90%	0.36%
S	14	0.069%～1.87%	0.54%
As	14	0.03%～0.07%	0.05%
FeO	14	1.93%～6.72%	3.72%
SiO_2	14	66.50%～88.38%	81.08%
Al_2O_3	14	2.14%～6.34%	3.64%
CaO	14	0.33%～2.60%	1.08%
MgO	14	0.06%～1.82%	0.63%
发热量	14	38.17～1 086.83 kcal/kg	354.07 kcal/kg

4. 小淹石煤重点调查区

根据《湖南省安化县杨林调查区石煤、钒矿普查报告》组合样化学分析结果(表10-7),除V外,石煤层中未发现有其他含量较高的元素,仅有少量样品含P 0.18%～0.27%、Zn 0.084～0.145%、Ag 0～1.83×10^{-6}、U 0～37×10^{-6};根据湖南省地质局区测队1972年在调查区西段烟竹一带钒矿初步普查情况,在Ⅱ石煤层下部及底板围岩中,采少量样品进行放射性铀分析,U含量为24×10^{-6}～37×10^{-6},平均22×10^{-6},未达到工业品位。

表10-7 各矿层、各剖面矿石次要组分特征表

矿层号	最小值～最大值 平均值						
	Cu	Pb	Zn	Ag	S	P	U
Ⅰ	0.015～0.019 0.017	0.006～0.007 0.006 5	0.084～0.145 0.114 5	0～1.83 0.915	2.15	0.18～0.22 0.20	0.002 4～0.002 6 0.002 5
Ⅱ	0.018～0.018 0.018	0.009～0.011 0.010	0.093～0.130 0.111 5	0～1.39 0.695	2.02～2.15 2.08	0.18～0.27 0.22	0～0.003 7 0.001 8
Ⅰ+Ⅱ 平均	0.018	0.008 2	0.113	0.805	2.12	0.21	0.002 2

注:数据来源于《湖南省安化县杨林调查区石煤、钒矿普查报告》。数值单位中除Ag为10^{-6}外,其余元素单位为10^{-2}。

第十一章 结 论

本书在系统收集和分析湖南省石煤及其伴生矿产相关地质资料的基础上,圈定了湘西北、湘中、湘东南3个石煤远景区;对石煤远景区进行野外踏勘和系统评价,优选了两河口-观音寺、楠木铺-松溪铺、小淹和背儿岩-牛溪坪4个重点调查区;对两河口-观音寺和楠木铺-松溪铺2个重点调查区开展了1∶5万石煤资源调查评价工作,初步查明了区内的构造形态、石煤层数、厚度、埋深、质量,分析了石煤伴生矿产(钒、镉、镍、钼等)赋存情况,了解了石煤与重要页岩气层段的空间分布关系和规律,提出了勘查靶区及工作部署建议,获得的主要成果详细情况如下:

(1)圈定了湘西北、湘中、湘东南3个石煤远景区,优选了两河口-观音寺、楠木铺-松溪铺、小淹和背儿岩-牛溪坪4个重点调查区。

通过系统收集和分析湖南省石煤资源及其伴生矿产相关地质资料,在全省范围内圈定了3处石煤远景区,分别为湘西北石煤远景区、湘中石煤远景区、湘东南石煤远景区。在项目预研究阶段,项目组重点对两河口-观音寺、张家界-明溪口、茶洞-麻栗场、古丈-万岩、凤凰县-锦和镇、背儿岩-牛溪坪、楠木铺-松溪铺、小淹、东山、两丫坪、江口、绥宁、新铺进行了踏勘,初步优选了4处重点调查区。在野外工作正式启动后,项目组于初选的4处重点调查区进行实地踏勘,核定了两河口-观音寺(500 km^2)、楠木铺-松溪铺(300 km^2)、小淹(490 km^2)、背儿岩-牛溪坪(850 km^2)4个优先开展工作的重点调查区。

(2)基本查明了两河口-观音寺、楠木铺-松溪铺重点调查区的地层和构造特征,对区内地层单元进行了详细的划分,识别了地层划分标志,建立了系统的地层层序,确定了两个调查区为复式褶皱与断层组合的整体构造特征。

本书采用岩石地层单位对调查区沉积岩及浅变质岩进行地质填图,进行了较详实的区域岩石对比研究及岩性组段岩相变化规律分析。查明了两河口-观音寺和楠木铺-松溪铺石煤重点区内地层岩性、层序、时代、接触关系等特征,建立了调查区系统的地层层序和层序划分标志层,其中两河口-观音寺重点调查区共划分组段级单元18个,楠木铺-松溪铺重点调查区共划分组段级单元16个。

两河口-观音寺重点调查区出露地层自下而上依次为新元古界板溪群、震旦系、古生界寒武系、新生界第四系。含石煤地层为牛蹄塘组($\epsilon_1 n$),岩性为黑色碳质页岩、碳质泥岩,底部发育石煤层及少量磷、锰质结核,厚度为215~263 m。

楠木铺-松溪铺重点调查区内出露地层自下而上依次为新元古界板溪群、震旦系,古生界寒武系、石炭系、二叠系,中生界侏罗系、白垩系,新生界第四系。含石煤地层为牛蹄塘组($\epsilon_1 n$),下段为灰黑色、黑色薄层硅质板(页)岩、碳质页岩,含磷结核,上段为黑色中层、薄层硅质板(页)岩,含黄铁矿,厚度为68~241 m。

两河口-观音寺重点调查区总体呈走向NEE的复式褶皱(郭家界复背斜)构造形态,核部地层为新元古界板溪群,两翼为震旦系—寒武系,部分区段被白垩系覆盖。北段为复背斜北翼,向北依次发育钟家铺向斜、毛坪背斜等次级褶皱;南段为复背斜南翼,向南依次发育板溪向斜、龙门洞背斜、栗子沟向斜等次级褶皱。调查区内另一显著特征是NE向、NW向褶皱和逆断层形成最早,同方向的正断层形成稍晚,为局部构造应力场的产物;NE向、NW向及NNE向断层形成于燕山晚期—喜马拉雅期,早期构造常被其断层切错。该带较大规模的断层为知生桥逆断层、谢家坪平移断层、钟家铺平移正断层等。

楠木铺-松溪铺重点调查区主体构造框架是由加里东运动奠定的,后来经过印支-燕山运动的改造,形成现今的格局。总体构造线方向为NE-SW向,主要为一系列大致平行的断裂和褶皱构造。调查区内褶皱较为发育,总体为NE-SW向,多为线状褶皱,少量短轴或等轴状褶皱,长短轴之比介于3∶1~10∶1之间。区内主要断裂为四都坪正断层、高坪正断层、水田溪弧形断层等,其展布方向主要为NE向,切割先期形成褶皱。调查区中部NNE向小型断裂极其发育,切割先期形成的NE向褶皱、断裂。

(3)查明了两河口-观音寺、楠木铺-松溪铺重点调查区内牛蹄塘组发育1~2层厚度可观的石煤层,确定2个调查区内的石煤均属高灰、中—高硫、低热值的腐泥无烟煤,估算了2个调查区内的石煤资源量。

查明两河口-观音寺重点调查区牛蹄塘组底部发育1层稳定的石煤层,呈层状,厚度为10.18~45.19 m,平均厚25.91 m,厚度变化系数为39.05%,均大于工业可采厚度4 m。调查区北段石煤,平均发热量982.5 kcal/kg,平均水分1.6%,平均灰分86.3%,平均挥发分5.0%,平均含硫1.7%;调查区南段石煤,平均发热量953.7 kcal/kg,平均水分1.6%,平均灰分84.9%,平均挥发分7.6%,平均含硫1.4%。估算0 m以浅标高段石煤资源量(334)74.76亿t,-300~0 m标高段石煤资源量(334)70.408亿t,合计石煤资源量(334)145.168亿t。

楠木铺-松溪铺重点调查区发育2层可采石煤层,分别为牛蹄塘组底部Ⅰ石煤层、中部Ⅱ石煤层。Ⅰ石煤层随地层产状变化而变化,连续性好,矿层厚度7.6~31.2 m,平均厚度16.77 m,厚度变化系数53%,从北向南厚度总体呈减小趋势;Ⅱ石煤层局部发育,连续性较差,厚度2~28.73 m,平均12.45 m,在调查区中部厚度可观,南部仅发育较薄石煤层,厚度未达到工业开采要求。区内Ⅰ石煤层水分含量低,为1.77%;灰分很高,平均值84%,最高达93.7%;挥发分4.08%;全硫含量1.04%;属高灰、低硫、低挥发分、低发热量石煤。Ⅱ石煤层水分含量1.46%,灰分产率85.64%,挥发分3.47%,全硫含量1.27%。估算300 m以浅标高段石煤资源量(334)0.6亿t,0~300 m标高段石煤资源量(334)20.4亿t,-300~0 m标高段石煤资源量(334)7.5亿t,合计石煤资源量(334)28.5亿t。

(4)查明两河口-观音寺、楠木铺-松溪铺重点调查区内石煤伴生钒矿2层,并估算了钒矿(V_2O_5)资源量。确定区内其他伴生矿产整体品位低,不具工业价值。

两河口-观音寺重点调查区内钒矿局部发育,总体可划分为Ⅰ矿层(牛蹄塘组底部)、Ⅱ矿层(牛蹄塘组中上部)。Ⅰ矿层厚度介于12.17~70.5 m之间,平均厚度为37.2 m;品位介于0.512%~0.984%之间,平均品位为0.706%。在调查区北段毛坪、相家溪处钒矿局部富集,毛坪区段含钒矿层厚度可达33.47 m,品位介于0.34%～1.85%之间;相家溪区段含钒矿层厚度可达47.08 m,品位介于0.51%～1.52%之间。在调查区南段中部矾矿较发育,厚度37.39～70.5 m,品位较高,为0.36%～1.13%。Ⅱ矿层主要集中在毛坪-知生桥区段,含钒矿层厚度最小为2.42 m,最高可达104 m,平均厚度为33.1 m;品位介于0.31%～0.77%之间,平均品位为0.481%,品位较低。钒矿(V_2O_5)估算资源量8619万t。

楠木铺-松溪铺重点调查区内钒矿局部发育,总体可划分为Ⅰ矿层(牛蹄塘组底部)、Ⅱ矿层(牛蹄塘组中部)两个矿层。Ⅰ矿层全区发育,厚度5.95～28.2 m,平均13.24 m,品位0.41%～1.2%;Ⅱ矿层在区内中北部发育,厚度2～76 m,平均23.3 m,品位0.39%～0.74%。Ⅰ矿层在区内中部白雾坪、蒙福庵发育较好,厚度较大;Ⅱ矿层在区内中部蒙福庵发育好,厚度大,具有工业开采价值。钒矿(V_2O_5)估算资源量1762万t。

通过分析测试数据,确定两河口-观音寺、楠木铺-松溪铺重点调查区内其他伴生矿产整体品位低,不具工业价值。

(5)初步确定了调查区内石煤层与潜在含页岩气层的空间分布关系和规律,石煤层确定依据为发热量,含气层的确定依据为有机地球化学特征、厚度、含气性等指标。区内一般情况为石煤层位于牛蹄塘组底部,潜在含页岩气层位于该组的中下部。

牛蹄塘组主要由黑色页岩与石煤组成,石煤层与潜在含页岩气层都为暗色泥页岩。石煤层为高碳质、发热量大于800 kcal/kg的泥页岩,一般的开采方式为露天开采;页岩气层段一般指标为TOC大于2%,厚度大于30 m,最佳埋深介于1000～3000 m之间,最关键的指标为含气量大于2 m^3/t。邻近调查区的常页1井和慈页1井均钻穿了牛蹄塘组,揭露的石煤层厚度均不超过50 m,且都位于牛蹄塘组底部。常页1井揭露牛蹄塘组泥页岩TOC大于2%的井段为井深1100 m至牛蹄塘组底,厚度约为240 m;慈页1井牛蹄塘组气测异常段为2段,底部异常段为井深2610 m至牛蹄塘组底,厚度约为150 m。因此,牛蹄塘组潜在含页岩气层位于该组的中下部,而石煤层一般位于其底部。

(6)在两河口-观音寺重点调查区内圈定了马金洞、镰刀湾2处勘查靶区,在楠木铺-松溪铺重点调查区内圈定了蒙福庵、三门2处勘查靶区,并分别估算了4处靶区内的石煤和钒矿(V_2O_5)资源量。

综合分析地质填图、实测剖面、槽探揭露、高密度电阻率法勘探及实验分析等各项调查手段取得的成果,在两河口-观音寺重点调查区和楠木铺-松溪铺重点调查区分别圈定了4处供下一步勘查的有利靶区,分别为马金洞、镰刀湾、蒙福庵、三门靶区。马金洞石煤资源量为9.4亿t,钒矿(V_2O_5)资源量为958.8万t;镰刀湾石煤资源量为10.9亿t,钒矿(V_2O_5)资源量为1232万t;蒙福庵石煤资源量为3.2亿t,钒矿(V_2O_5)资源量为384万t;三门石煤资源量为2.4亿t,钒矿(V_2O_5)资源量为1032万t。4处勘探靶区石煤及伴生钒矿(V_2O_5)资源量丰富,伴生矿产资源品位较高,可与石煤共采,经济效益不可估量。

主要参考文献

包正湘,陈延福,1988.湘西北石煤地质及煤质特征[J].湖南地质,7(3):42-49.

宾智勇,2006.石煤提钒研究进展和钒的市场状况[J].湖南有色金属,22(1):16-22.

蔡晋强,1996.湖南省煤及石煤的放射性水平调查研究[J].煤矿环境保护,10(4):37-41.

蔡晋强,2001.石煤提钒在湖南的发展[J].稀有金属与硬质合金(1):42-46+49.

曹继,2011.石煤中五氧化二钒的提取新工艺研究[D].长沙:湖南大学.

陈西民,马合川,魏东,等,2010.安康石煤资源特征及勘查开发建议[J].陕西地质,28(1):1-5+81.

陈延福,1981.湖南省湘西自治州石煤资源综合考察报告[R].湘西土家族苗族自治州:湖南冶金地质勘探二四五队.

储少军,章俊,2014.石煤资源利用技术的现状及展望[J].铁合金,45(3):60-64.

高健伟,2010.陕南石煤燃烧致砷暴露的健康效应研究[D].北京:中国科学院.

何东升,2009.石煤型钒矿焙烧-浸出过程的理论研究[D].长沙:中南大学.

贺慧琴,2007.湖北省石煤提钒清洁生产工艺研究[D].武汉:武汉工程大学.

胡艺博,叶国华,王恒,等,2019.钒市场分析与石煤提钒工艺进展[J].钢铁钒钛,40(2):31-40.

惠学德,王永新,吴振祥,2011.石煤提钒工艺的研究应用现状[J].中国有色冶金,40(2):10-16.

江新华,2010.湘西北叶溪育含钒石煤矿地质特征及稀土元素分析[J].中国煤炭地质,22(增刊1):4-7.

姜月华,岳文浙,业治铮,1994.中国南方下寒武统石煤的特征、沉积环境和成因[J].中国煤田,6(4):26-31.

蒋凯琦,郭朝晖,肖细元,2010.中国钒矿资源的区域分布与石煤中钒的提取工艺[J].湿法冶金,29(4):216-219+224.

焦向科,2012.石煤提钒尾矿地聚物胶凝材料的制备、表征及其性能研究[D].武汉:武汉理工大学.

兰涛,张晓瑜,武征,等,2013.陕西省石煤提钒行业存在的问题及对策研究[J].环境科学与管理,38(5):83-87.

李昌林,2011.难处理石煤提钒工艺及相关理论研究[D].长沙:中南大学.

李崇,陈延信,赵博,等,2021.石煤提钒及尾渣综合利用研究现状[J].化学世界,62(12):717-725.

李佳,张一敏,刘振宇,等,2016.基于改进支持向量机的石煤提钒行业清洁生产评价研究[J].环境科学学报,36(3):1113-1120.

李有禹,1995.湘西北下寒武统黑色页岩伴生元素研究新进展[J].矿床地质,14(4):346-354.

刘光昭,尹华锋,刘玉峰,等,2008.湖南下寒武统黑色岩系中的钒矿床[J].地质与资源,17(3):194-200.

刘鸿诗,张亮,李莹,等,2005.湖北、湖南、江西、浙江和安徽省石煤矿区碳化砖房室内、室外氡浓度调查研究[J].辐射防护通讯,25(6):29-33.

刘景槐,牛磊,2012.湖南怀化会同地区含钒石煤提钒与资源综合利用[J].有色金属工程,2(4):31-35.

刘志逊,代鸿章,刘佳,等,2016.我国石煤资源勘查开发利用现状及建议[J].中国矿业,25(S1):18-21.

宁顺明,马荣骏,2012.我国石煤提钒的技术开发及努力方向[J].矿冶工程,32(5):57-61+66.

裴庆君,1981.石煤资源综合考察报告[R].长沙:湖南省煤炭工业局.

宋明义,2009.浙西地区下寒武统黑色岩系中硒与重金属的表生地球化学及环境效应[D].合肥:合肥工业大学.

汪贻水,1998.六十四种有色金属[M].长沙:中南工业大学出版社.

王克营,蔡宁波,李岩,2016.湘西北马金洞地区下寒武统牛蹄塘组含钒石煤矿的地质特征[J].科学技术与工程,16(7):130-133.

王梅芳,胡明扬,2018.基于零排放理念的石煤钒矿开发利用研究[J].江西建材(1):200-202.

王泽秋,1992.湖南石煤资源的开发利用与保护[J].资源开发与保护,8(1):63-65.

夏罗平,曹运江,刘季松,等,2023.湘西北下寒武统牛蹄塘组石煤研究综述[J].能源与节能(1):13-15.

谢贵珍,潘家永,赵晓文,等,2006.华南下寒武统石煤的放射性污染探讨[J].能源环境保护,20(1):29-33.

徐耀兵,2009.中间盐法石煤灰渣酸浸提钒工艺的试验研究[D].杭州:浙江大学.

许国镇,1988.氯化钠在石煤提钒中的作用[J].矿冶工程(4):44-47.

闫继武,2012.石煤中硅钒资源综合利用的研究[D].长沙:中南大学.

颜志良,2013.含钒多金属石煤矿中有价金属矿物综合回收工艺[D].湘潭:湘潭大学.

游先军,2010.湘西下寒武统黑色岩系中的镍钼钒矿研究[D].长沙:中南大学.

张剑,欧阳国强,刘琛,等,2010.石煤提钒的现状与研究[J].河南化工,27(5):27-30.

张琳婷,郭建华,焦鹏,等,2015.湘西北地区牛蹄塘组页岩气有利地质条件及成藏区带优选[J].中南大学学报(自然科学版),46(5):1715-1722.

张一敏,2014.石煤提钒[M].北京:科学出版社.

浙江省煤炭工业局,1980.石煤的综合利用[M].北京:煤炭工业出版社.

周浩达,1990.下扬子区早寒武世"石煤"沉积特征与成因机理探讨:兼论与含油气性关系[J].石油实验地质,12(1):36-43.

DAI S, ZHENG X, WANG X, et al,2018. Stone coal in China: a review[J]. International Geology Review,60(SI):736-753.

GUO Q J, SHIEIDS G A, LIU C Q, et al, 2007. Trace element chemostratigraphy of two Ediacaran-Cambrian successions in South China: implications for organosedimentary metal enrichment and silicification in the Early Cambrian[J]. Palaeogeography, palaeoclimatology, palaeoecology, 254(1/2): 194-216.

GUO Q J, DENG Y N, HIPPLER D, et al, 2016. REE and trace element patterns from organic-rich rocks of the Ediacaran-Cambrian transitional interval[J]. Gondwana research, 36: 94-106.

PASAVA J,1990.黑色页岩成矿作用-IGCP254项活动及最新进展[J].地球科学进展,6:85-86.

PI D H, LIU C Q, SHIELDS-ZHOU G A, et al, 2013. Trace and rare earth element geochemistry of black shale and kerogen in the early Cambrian Niutitang Formation in Guizhou province, South China: constraints for redox environments and origin of metal enrichments [J]. Precambrian research, 225: 218-229.

XU L G, LEHMANN B, MAO J W, et al, 2012. Mo isotope and trace element patterns of Lower Cambrian black shales in South China: multi-proxy constraints on the paleoenvironment [J]. Chemical geology, 318/319: 45-59.